福建沿海沙表生硅藻志

陈长平　高亚辉　等　著

科　学　出　版　社

北　京

内 容 简 介

本书描述了福建沿海主要沙滩表层沉积物中的硅藻，共计 65 属 161 种（含变种），其中记录了 9 个新种、6 个中国新记录属和 40 个中国新记录种；详细描述了每个种的形态特征、生态和分布特性，并附有 33 个图版、343 张照片。书后附有各种类的中名和学名索引。

本书将为生物学、植物学、藻类学、水域生态学、生物地层学等方面的教学科研提供有益的资料。可供大专院校海洋学、生物学、环境科学、水产学、地质学师生以及从事相关工作的科研人员阅读参考。

图书在版编目（CIP）数据

福建沿海沙表生硅藻志 / 陈长平，高亚辉等著 . —北京：科学出版社，2022.3
ISBN 978-7-03-071374-2

Ⅰ.①福… Ⅱ.①陈…②高… Ⅲ.①硅藻门－概况－福建 Ⅳ.① Q949.27

中国版本图书馆 CIP 数据核字（2022）第 020080 号

责任编辑：韩学哲　孙　青／责任校对：郑金红
责任印制：吴兆东／封面设计：刘新新

科 学 出 版 社 出版
北京东黄城根北街 16 号
邮政编码：100717
http://www.sciencep.com

北京中科印刷有限公司 印刷
科学出版社发行　各地新华书店经销

*

2022 年 3 月第 一 版　开本：720×1000　1/16
2022 年 10 月第二次印刷　印张：9 3/4
字数：197 000

定价：180.00 元
（如有印装质量问题，我社负责调换）

本书作者

陈长平　高亚辉　卓素卿　王　震
孙　琳　梁君荣　谭兰玉

序

　　无论是在海洋还是在淡水中，沙生生物都广泛存在，其中硅藻是最主要的种类之一。硅藻是近海藻类植物中的最主要类群之一，其种类数和生物量在近海水域一般都占 80%～90% 或以上，其盛衰直接或间接地影响着整个海洋生态系统的生产力，并最终影响渔业产量。硅藻也是海洋有机物的主要生产者，地球上约 20% 有机碳的固定来自硅藻，在全球碳循环中起着非常重要的作用。

　　沙滩是近海分布较广的海滩类型，该生境下营养物质少，不利于生物的生长，但是沙表生硅藻能够较好地适应此类环境。虽然我国海洋硅藻的多样性研究至今已有几十年的历史，但以浮游硅藻和淤泥生底栖硅藻为主、关于海洋沙表生硅藻的研究却很少。

　　厦门大学是中国海洋硅藻分类学研究的发源地，自 20 世纪 30 年代起已有海洋硅藻的分类学研究，并取得了重要的研究成果，先后编著出版了一系列的硅藻研究专著，包括《中国海洋浮游硅藻类》《中国海洋底栖硅藻类》《中国海藻志 第五卷 硅藻门 第二册 羽纹纲 第 I 分册》《中国海藻志 第五卷 硅藻门 第三册 羽纹纲 第 II 分册》等。

　　此次撰写出版的《福建沿海沙表生硅藻志》是区域性特殊生境下的一本硅藻分类学专著。以福建近海沙质海岸中的硅藻为专题，包括宁德大京沙滩、福州长乐沙滩、平潭龙凤头沙滩、莆田湄洲湾沙滩、泉州崇武西沙湾沙滩、厦门海韵台沙滩、漳州漳浦六鳌沙滩和漳州东山金銮湾沙滩等，描述了福建沿海主要沙滩表层沉积物中的硅藻，共 161 种（含变种），记录了 9 个新种、6 个中国新记录属、40 个中国新记录种；详细描述了每个种的形态特征、生态和分布特性，还有每个种的光学显微镜和（或）电子显微镜照片，生动翔实。

　　这是一本很有特色的硅藻分类学专著，它的出版将加深我们对海洋沙表生硅藻这一特殊生态类群的认识，丰富我国海洋硅藻的多样性和区系分布资料，对了解硅藻在沙质海岸生态系统中的生态作用等方面具有重要的参考价值。

　　我很荣幸读到这一少见的关于沙表生硅藻的专著，也很高兴向公众推荐这一科学专著。

齐雨藻

2020 年 9 月于广州暨南园

前　言

　　沙滩是一种常见的海滩类型，成分以石英、长石为主，由于含有不同的物质或化学元素，通常呈现出不同的颜色，如白色、金黄色、绿色、黑色、红色等。沿海沙滩的形成与海洋的搬运作用、沉积作用有关，其分布不局限于干旱、半干旱地区，不具有明显的地带性，不受气候（降水等）条件的限制。与其他海岸类型相比，沙质海岸具有如下特点，如底质不稳定、营养物质贫乏、生态环境恶劣，因此其中的生物种类较少。但是，沙表生硅藻能够较好地适应沙滩底质的环境，在某些季节它们能够大量繁殖并聚集在一起，从而使局部的海沙改变颜色，即所谓的着色沙现象。因此，在沙质海岸带，海洋硅藻是十分重要的底栖生物类群之一。沙表生硅藻的生长受多种因素影响，如潮汐、风浪、营养盐、盐度、温度等，这些因素中尤以沙子摩擦为主，特别是在潮汐和风浪大的地方，沙子之间经常发生摩擦，这是沙表生硅藻生境最重要的特征。沙表生环境下水分流失（干燥）、营养缺乏、光照不足等因素也是影响沙表生硅藻集群的重要因素。一般情况下，沙表生硅藻的个体比较小，便于生活在狭小的空间，大多数硅藻种类生活在沙子的凹槽处或者低洼处，从而减小沙子摩擦带来的影响，如沙子摩擦带来的物理损伤等。

　　福建沿海地处亚热带季风地区，具有干季与风季在时间上同步性的特点，在有丰富沙源供应的条件下，非常有利于沙质海岸的发育。福建沙质海岸具有分布范围广、分布地形呈现多样性、分布位置多在一些河流入海口的盘侧等显著特点。本书选取福建沿海主要城市的几个面积较大的沙滩，对其中的硅藻集群进行生态学和分类学研究，共报道硅藻 65 属 161 种（含变种），共计各类照片 343 幅。本书共报道了硅藻新种 9 种，中国新记录属 6 个，新记录种 40 种。另外包括近几年已经发表的新种 3 种，新记录种 3 种。对每个种类的形态特征进行了较为详细的描述，特别是超微结构，很多沙表生硅藻个体微小，在光学显微镜下特征不明显，因此必须依赖电子显微镜才能够准确描述种类的显著特征，同时提供了种类鉴定的主要参考文献，以及各个种类的生态特征与分布。本书的分类系统主要参考 Round 等（1990）的分类系统。

　　此次福建沙质海滩硅藻的研究工作得到了国家自然科学基金面上项目"我国华南沿海沙质环境中硅藻的多样性与生态特征研究"（41776124）的资助。本书的硅藻种类部分照片由赵龙、孙建东等同学在博士、硕士期间进行拍照、收集、整理完成，同时在样品采集和处理过程中也得到了厦门大学硅藻实验室很多老师和同学的帮助；厦门大学生命科学学院电镜室吴彩明和姚路明等老师给予很多帮助，作者在此谨表谢意。

感谢在本书完成及出版过程中所有给予支持和帮助的人。

我们希望本书能为沙表生环境中硅藻研究工作的开展提供一定的帮助，由于编写水平限制，本书可能存在疏漏和不足之处，敬请读者批评指正。

著　者

2020 年 6 月

目　　录

第一章 简 介

硅藻种类繁多，广泛分布于海洋和淡水等各种生境中。目前已经发现的硅藻种类超过 2 万种，据估计硅藻的种类可能达到 20 万种，自然环境中还存在着许多未被认知的硅藻种类。近几年来每年超过 100 个硅藻新种的发现也从另一方面说明了这个现象。由于硅藻具有很强的环境适应性，形成了生态习性各不相同的多种生态类群，但目前对一些特殊环境中硅藻集群多样性的认识还较为缺乏。

沙表生硅藻是指生长于沙质环境下的硅藻，普遍存在于沙质海岸。沙质海岸是我国海岸带一种独特而复杂的生境类型，与内陆沙漠沙丘不同，也异于其他海岸带基质，如岩石、淤泥等生境，其分布不局限于干旱、半干旱地区，不具有明显的地带性，不受气候（降水等）条件的限制。

沙质海岸通常情况下底质不稳定，营养物质贫乏，生态环境恶劣，从而导致沙滩生物种类较泥滩和岩石的生物种类少，这在底栖动物或大型海藻上表现得非常明显。但是，沙表生硅藻能够较好地适应沙滩底质的环境，它们有时能够形成相当大的个体密度，从而使成片的海沙改变颜色，即所谓的着色沙现象，我们在福建平潭岛沙滩上观察到了该现象（图 1-1）。因此，在沙质海岸带，海洋硅藻是十分重要的底栖生物类群之一。

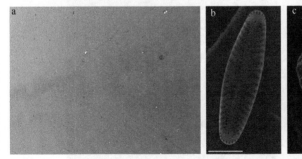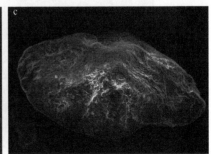

图 1-1 着色沙现象

a. 福建平潭岛沙滩上大量生长的硅藻改变了沙滩原来的颜色；b. 优势种福建蹄状藻（*Hippodonta fujiannensis* Zhao, Chen et Gao）；c. 一个沙粒上的硅藻（Zhao et al., 2017）

Steele 和 Baird（1968）发现在苏格兰 Ewe 海湾 0.2 m 深的沙子上可以看见含有硅藻的底栖类群，尽管他们并没有提及这些沙表生硅藻的种类组成及结构。Round（1979）在美国马萨诸塞州巴恩斯特布尔（Barnstable）海湾发现表层因为硅藻生长变色，这是因为海洋硅藻菱板藻（*Hantzschia virgata* var. *intermedia*）大量生长的原因，同时双眉藻（*Amphora cymbifera*、*Amphora ostrearia* 等）、舟形藻（*Navicula pygmaea*、*Navicula cancellata*）和菱形藻（*Nitzschia spathulata*）等种类也非常常见，它们通常附着于沙粒上面。在沙层深处也发现了丰富的硅藻类群。

沙表生硅藻不仅在沙滩的表层生长，在 0.2 m，甚至 0.5 m 深的沙质环境中也能发现非常丰富的硅藻。例如，Jewson 等（2006）在 0.5 m 深的沙子上发现了高密度的沙表生硅藻，其中以 2 种硅藻为优势种，分别为 *Cymbellonitzschia diluviana* 和 *Martyana martyi*，它们分别采取不同的生态策略来适应沙质环境。*C. diluviana* 个体小，生长缓慢并且聚集生长在一起；而 *M. martyi* 个体较大，不会移动，分散于沙子的表面。

不同的生境类型生长的硅藻种类具有明显的差异。例如，淤泥生硅藻通常能够运动，可适应潮汐的变化；而植物体附着硅藻不能运动，或以壳面附着，或发展出多样化的附生结构，如柄、垫等。沙表生硅藻的生长受潮汐、风浪、盐度、温度等多种因素影响，其中尤以沙子摩擦为主。特别是在潮汐和风浪大的地方，沙子之间容易产生摩擦，这是沙表生硅藻生境最重要的特征。为适应这种生境，大多数硅藻种类生活在沙子的凹槽处或者低洼处（图 1-2）。

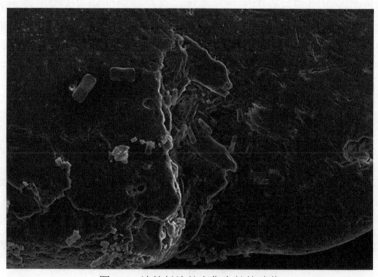

图 1-2　沙粒低洼处密集生长的硅藻

不仅如此，沙表生环境下水分流失（干燥）、营养缺乏、光照不足等因素也都决定了沙表生硅藻特有的集群组成。另外，沙表生硅藻的个体比较小，便于生活在狭小的空间，从而减小沙子摩擦带来的影响。

我国华南沿海属于热带、亚热带季风地区，干旱季节与风季的时间具有同步性的特点，在有丰富沙源供应的条件下，非常有利于沙质海岸的发育。据统计，我国华南沿海沙质海岸的总面积约为 $2.38 \times 10^5 \, \mathrm{hm}^2$，广泛分布于福建省、广东省、广西壮族自治区和海南省等地（吴正等，1995）。我国华南沙质海岸的分布具有三个显著的特点。①沙质海岸分布范围广，北自福建省宁德市，南至海南省三亚市，近数千千米的海岸断断续续分布着不同大小的沙质海岸，受到地质地形等因素影响，分布面积从数百公顷至数千公顷。沙质海岸主要分布在海湾，因为凹入的海湾可较大程度地减弱波浪作用，通过堆积作用形成沙质海滩和沿岸堤。②沙质海岸分布地形具有多样性，这些地形包括三角洲平原、海积平原。三角洲平原是由河流入海泥沙在河水和海水共同作用下向海加积造成的，位于河流入海的河口地区。三角洲平原的沙质沉积层深厚，沙源丰富，可形成较大面积的沙质海岸。海积平原多见于基岩岬角之间较为开敞的海湾内，岸线较为平直，海积地貌发育，形态类型多种多样，包括湾内沙堤、拦湾沙坝、河口沙咀、连岛沙洲、基岩丘陵、台地沙质海岸等。③受波浪作用和海流作用的影响，在一些河流入海口的盘侧容易形成沙质海岸。例如，闽江、晋江和九龙江等河口外的南侧岸段是闽南沿海沙质海岸分布的主要区域，北侧较少。此外，其分布位置还与岸线的朝向有关。华南沿海以东北风为主，在朝向东北或东方向的海岸容易形成规模较大的沙质海岸，朝向正西的沙质海岸则很少见（吴正等，1995）。

我国海洋硅藻的多样性研究至今已有几十年的历史，但以浮游硅藻和淤泥生底栖硅藻为主，有关海洋沙表生硅藻的研究相对较少。本书以福建省近海沙质海岸中的硅藻为专题，样地包括宁德大京沙滩、福州长乐沙滩、平潭龙凤头沙滩、莆田湄洲湾沙滩、泉州崇武西沙湾沙滩、厦门海韵台沙滩、漳州漳浦六鳌沙滩和漳州东山金銮湾沙滩等，利用光学显微镜（简称光镜）和电子显微镜（简称电镜）对硅藻进行形态特征观察，附有光镜和电镜照片。

第二章 样地概况

福建省地处中国东南沿海,海岸线总长近 4000 km,居全国第二,海岸线曲折,形成了众多的天然港湾,分布着大小不同的潮滩,其中包括许多发育良好的沙质海岸,自北向南,从宁德市到漳州市均有分布。我们选择了具有代表性的 8 个沙滩,对其中的硅藻进行研究,具体概况如下所述。

1. 宁德大京沙滩

宁德市霞浦县位于福建省东北部,北纬 26°25′ ~ 27°07′、东经 119°46′ ~ 120°26′,属亚热带季风性湿润气候,年平均气温 18.6℃,年平均降水量 1100 ~ 1800 mm。宁德市的海岸线在福建省各地区中是最长的,霞浦县又是宁德市海岸线最长的县。大京沙滩位于霞浦县长春镇东南部,东冲半岛近陆端,沙滩长 3 km,宽 200 m。潮汐属正规半日潮,平均潮差为 4.32 m,最大潮差为 7.07 m,属强潮海区(图 2-1)。

图 2-1 宁德大京沙滩

2. 福州长乐沙滩

福州市长乐区位于福建省东北部,闽江口南岸,北纬 25°47′ ~ 25°50′、东经 119°36′ ~ 119°37′,属南亚热带海洋性季风气候,年平均气温 19.8℃,多年平均降水量 1382.3 mm。长乐沙滩位于福建省福州市长乐区东南部的江田镇海岸,有长 8 km、宽 400 m 的宽阔海滩,沙细坡缓。潮汐类型为正规半日潮,平均潮差为 4.46 m,最大潮差为 7.04 m,属强潮海区(图 2-2)。

图 2-2　福州长乐沙滩

3. 平潭龙凤头沙滩

平潭岛是中国第五大岛、福建省第一大岛,地处中国东南沿海,位于福建省平潭县境内,北纬 25°15′ ～ 25°45′、东经 119°32′ ～ 120°10′。平潭岛属亚热带海洋性季风气候,年平均气温 19.6℃,年平均降水量 1172 mm。龙凤头海滨浴场位于福建平潭岛南隅,海滩宽 500 m,连绵 9.5 km 长,坡度仅 2.2°,海域平均潮差 4.31 m(图 2-3)。

图 2-3　平潭龙凤头沙滩

4. 莆田湄洲湾沙滩

莆田湄洲岛位于福建省沿海中部，湄洲湾口，距离莆田市中心东南 42 km，距大陆仅 1.82 海里 [①]，北纬 25°01′～25°06′、东经 119°06′～119°09′，是莆田市第二大岛。全岛地形狭长，南北两头高，中间低平。湄洲岛属典型的南亚热带海洋性季风气候，年平均气温为 20℃，年平均降水量约为 1240.9 mm。湄洲湾沙滩位于湄洲岛西南端，是岛上最长、最大的沙滩，长 3 km，宽 300～500 m，坡度 5°，滩平坡缓，沙细如面。潮汐属正规半日潮，最大潮差为 6.61 m，平均潮差为 4.72 m，最小潮差为 2.65 m（图 2-4）。

图 2-4　莆田湄洲湾沙滩

5. 泉州崇武西沙湾沙滩

泉州市惠安县地处福建省东南沿海突出部，泉州市东北部，介于泉州湾和湄洲湾之间，地理坐标为北纬 24°49′～25°07′、东经 118°37′～119°05′，东临台湾海峡，北临泉港区，南隔泉州湾与晋江市、石狮市相望。全县海域面积 1725 km²，海岸线长 129 km。崇武属南亚热带海洋性季风气候，平均气温 19.9℃，年平均降水量 1120 mm。西沙湾位于福建省泉州市崇武—秀涂海岸东段，东接崇武闽台贸易码头，西连东石礁。区域岸线长约 5 km，湾外最大水深 16 m。该岸段具有丰富的地形地貌，海岸呈天然岬湾形态，有开放式海湾，又有典型的岬角，沙滩岸长1.3 km，湾外有白起礁和龟屿，湾内主要是混合浪。潮汐属正规半日潮，最大潮差为 6.68 m，最小潮差为 1.85 m，平均潮差为 4.27 m（图 2-5）。

---

① 1 海里 =1.852 km。

图 2-5 泉州崇武西沙湾沙滩

6. 厦门海韵台沙滩

厦门市地处福建省东南部、九龙江入海处，位于北纬 24°26′46″、东经 118°04′04″ 附近。厦门市海域海岸线总长 234 km，湾内岸滩形态有沙质岸滩和淤泥质岸滩。厦门市属于南亚热带海洋性季风气候，温和多雨，全年平均气温 21℃，年平均降水量在 1200 mm 左右。该区域属正规半日潮，厦门湾海域为强潮地区，最大潮差为 6.61 m，最小潮差为 2.65 m，平均潮差为 4 m（图 2-6）。

图 2-6 厦门海韵台沙滩

7. 漳州漳浦六鳌沙滩

漳浦县位于福建省东南沿海，地理坐标为北纬 23°43′ ～ 24°20′、东经 117°24′ ～

118°01′，东临台湾海峡，南望东山县、汕头市、北接漳州市、厦门市。拥有海域面积 703.91 km²，海岸线总长 267 km，主要海湾有东山湾、旧镇湾、佛昙湾等。漳浦县属南亚热带海洋性季风气候，全年平均气温 21℃，年平均降水量 1524.7 mm。六鳌半岛地处漳浦县闽东南沿海突出部，区域内拥有长达 9 km 平缓而优质的黄金沙滩海岸。该区属不正规半日潮，近海最大潮差为 4.32 m，平均潮差为 2.74 m（图 2-7）。

图 2-7　漳州漳浦六鳌沙滩

8. 漳州东山金銮湾、马銮湾沙滩

东山县位于福建省东南端，闽粤交界的沿海突出部，东海和南海的交汇处，其地理坐标为北纬 23°33′ ～ 23°47′、东经 117°18′ ～ 117°35′。东濒台湾海峡，南临南海，与广东省南澳岛隔海相望，西侧紧靠诏安湾，北隔八尺门海峡与云霄县为邻，为全国第六、福建省第二大海岛。全岛海岸线共 141 km，由南门湾、屿南湾、马銮湾、金銮湾、乌礁湾、澳角湾和宫前湾 7 个海湾连绵组成，其海岸地貌主要有基岩、沙质和人工堤岸，潮间带主要有岩滩、沙滩和泥滩。东山县气候属南亚热带海洋性季风气候，多年平均气温为 20.9℃，年平均降水量为 1224.9 mm。金銮湾位于东山岛东北部，沿海沙滩长达 5000 m，宽达 60 ～ 100 m。潮汐为不正规半日潮，最大潮差 4.14 mm，最小潮差 0.7 mm，平均潮差 2.32 mm（图 2-8）。马銮湾沙滩位于东山岛东北部，地理坐标为北纬 23°34′ ～ 23°47′、东经 117°18′ ～ 117°35′。沿海沙滩长达 2500 m，宽达 60 m。潮汐为不正规半日潮，潮高基准为 2.16 m，最高潮高为 4.20 m，最低潮高为 0.70 m，最大潮差为 4.13 mm，平均高潮位为 3.38 m，平均低潮位为 1.03 m，平均潮高为 2.20 m，最小潮差为 0.68 mm，平均潮差为 2.35 mm。

图 2-8 漳州东山金銮湾沙滩

第三章 样品采集、处理与观察

1. 样品采集

通常选择大潮期最低潮时间段进行采样，每个采样地点沿海岸线方向上设置三个采样点，特别关注颜色较深的地带，一般呈黄褐色，用自制的铲子刮取表层深度约 1 cm、面积约 10 cm×10 cm 的沙粒样品，将样品混匀后，取约 200 g 的样品，分为两份，一份加甲醛或鲁哥试剂（Lugol's solution）进行固定，另一份保存于冰盒中带回实验室处理。采样时间分别为 2014 年、2015 年、2018 年和 2019 年，分季节或月份采集（图 3-1）。

图 3-1 沙质海岸表层沉积物硅藻样品采集

对带回实验室的部分样品进行培养，使用灭菌后的过滤海水分离沙粒中的硅藻，分别收集上清液以及沉积物沙粒，将它们放入 24 孔板或三角瓶中，加入 f/2 培养基培养，培养条件为温度 20℃，光照强度 50 μmol/(m² · s)，光暗周期比为 12 h ∶ 12 h。野外处理样品或经培养后的样品也可以利用微管分离法、稀释法等进行进一步的硅藻细胞分离与纯化。

2. 样品处理和观察

将固定好的沙粒样品上生长的硅藻、培养的样品或分离纯化的样品分别进行酸化处理。具体方法如下：取一定体积（1～2 ml）的样品按 1∶1 体积加入试剂，野外样品用浓硫酸、培养样品用浓盐酸，沸水浴中酸化处理 10～15 min，可根据样品的不同或者硅藻细胞的差异增加或减少浓硫酸、浓盐酸体积与煮沸时间。冷却后加入蒸馏水，静置沉淀 24 h 后移除上清液，如此反复水洗至中性。经酸化处理好的样品进行浓缩处理，用于下一步样品制备。活体藻细胞、固定样品以及酸化处理好的样品均可直接置于光镜（LM）下观察和拍照。利用 Naphrax® 装片剂制作永久封片。沙表生硅藻通常较小，壳面硅质化较弱，或者为了减少酸化过程对硅藻细胞造成较大的破坏以观察一些细微的壳面特征，如附着方式及壳面孔纹上覆盖的膜结构等，可用临界点干燥的方法进行处理。具体方法如下：取培养中的新鲜藻液 5 ml，用戊二醛（2.5%）吹散固定，于 4℃冰箱放置 2 h 或更长时间。去固定液，然后用磷酸缓冲液浸泡离心漂洗 3 次，每次 20 min；离心去磷酸缓冲液，根据沉淀量的多少，加入适量磷酸缓冲液，制成浓度较高的藻细胞悬液。以 Formvar 作为黏附剂，将藻液黏附于切好的盖玻片上。然后用以下浓度的乙醇溶液进行梯度脱水：30%、50%、70%（也可于 4℃冰箱中过夜）、80%、95%、100%（无水硫酸钠处理）两次，时间分别为 5 min、5 min、10 min、10 min、15 min、15 min；将样品放置于无水乙醇中放入冷冻干燥机中干燥，随后将样品贴于样品台上，经金属喷镀操作后，即可用扫描电镜（SEM）进行观察。电镜样品的制备步骤为，取约 10 μl 上述样品，置于 150 目喷碳铜网上，自然晾干后，即可用于扫描电镜或透射电镜（TEM）观察、拍照。也可用干净盖玻片或滤膜等作为载体，用于扫描电镜观察。

3. 样地环境因子

采样地点的环境因子如表 3-1 所示。

表 3-1　采样地点的环境因子

采样地点	水温 /℃				盐度（PSU）				溶解氧含量 /(mg/L)			
	4 月	7 月	10 月	1 月	4 月	7 月	10 月	1 月	4 月	7 月	10 月	1 月
宁德大京	19.1	26.3	27.6	16.7	22.8	29.9	28.1	28.6	7.28	6.09	5.71	7.39
福州长乐	17.9	27.7	25.7	15.7	23.8	28.0	27.0	26.6	7.28	5.90	5.29	8.21
平潭龙凤头	17.9	27.8	25.4	15.1	30.1	33.7	29.4	30.1	6.84	5.00	5.97	8.13
莆田湄洲湾	21.6	27.9	26.1	17.3	30.6	31.4	31.8	30.1	5.83	5.40	5.55	7.46
崇武西沙湾	23.5	28.1	25.7	16.9	31.3	30.4	31.8	30.4	5.86	5.31	5.80	7.7
漳州六鳌沙滩	25.3	28.3	26.1	19.4	32.5	32.7	32.9	30.5	5.99	5.35	5.88	7.46
东山金銮湾	26.3	28.9	26.5	18.7	32.6	33.2	33.1	31.1	5.52	5.32	5.46	7.34

第四章　硅藻的分类与生态

　　本书共报道硅藻 65 属 161 种（含变种），共计各类照片 343 幅。其中发现了硅藻新种 9 种，中国新记录属 6 个，中国新记录种 40 种。另外包括近几年已经发表的硅藻新种 3 种，中国新记录种 3 种。分别对每个种类的形态特征、生态和分布进行了较为详细的描述。

硅藻新种

1. 厦门井字藻 *Eunotogramma amoyensis* Chen, Gao et Zhuo, sp. nov.
2. 滨海玻璃藻 *Hyaloneis litoralis* Chen, Gao, Zhuo et Wang, sp. nov.
3. 小型拟玻璃藻 *Pravifusus minor* Chen, Gao, Wang et Zhuo, sp. nov.
4. 密具槽藻 *Delphineis densa* Chen, Gao et Wang, sp. nov.
5. 中华灯台藻 *Diplomenora sinensis* Chen, Gao et Zhuo, sp. nov.
6. 沙裂节藻 *Schizostauron arenaria* Chen, Gao et Zhuo, sp. nov.
7. 厦门海生双眉藻 *Halamphora amoyensis* Chen, Zhuo et Gao, sp. nov.
8. 东山舟形藻 *Navicula dongshanensis* Chen, Gao et Zhuo, sp. nov.
9. 东山半舟藻 *Seminavis dongshanensis* Chen, Gao et Zhuo, sp. nov.

硅藻新记录属

1. 沙藻属 *Psammogramma* Sato et Medlin
2. 兰伯特藻属 *Lambertocellus* Dabek, Witkowski et Ashworth
3. 雷柏藻属 *Leyanella* Hasle, von Stosch et Syvertsen
4. 玻璃藻属 *Hyaloneis* Amspoker
5. 拟玻璃藻属 *Pravifusus* Witkowski, Lange-Bertalot et Metzeltin
6. 马丁藻属 *Madinithidium* Witkowski, Desrosiers et Riaux-Gobin

硅藻新记录种

1. 椭圆帕拉藻 *Paralia elliptica* Garcia
2. 约翰逊沟盘藻 *Aulacodiscus johnsonii* Arnott ex Ralfs
3. 维戈沙藻 *Psammogramma vigoensis* Sato et Medlin
4. 沙地井字藻 *Eunotogramma litorale* Amspoker

5. 微小拟波纹藻 *Cymatosirella minutissima* (Sabbe et Muylaert) Dabek, Witkowski et Sabbe

6. 非洲兰伯特藻 *Lambertocellus africana* (Dabek et Witkowski) Dabek, Witkowski et Ashworth

7. 沙生雷柏藻 *Leyanella arenaria* Hasle, von Stosch et Syvertsen

8. 阿氏格但斯克藻 *Gedaniella alfred-wegeneri* Li, Sato et Witkowski

9. 波顿格但斯克藻 *Gedaniella boltonii* Li, Krawczyk, Dabek et Witkowski

10. 无纹玻璃藻 *Hyaloneis hyalinum* (Hustedt) Amspoker

11. 巴西拟玻璃藻 *Pravifusus brasiliensis* Garcia

12. 简单拟玻璃藻 *Pravifusus inane* (Giffen) Garcia

13. 琳氏辐形藻 *Stauroforma rinceana* Meleder, Witkowski et Li

14. 微小具槽藻 *Delphineis minutissima* (Hustedt) Simonsen

15. 卵形曲壳藻 *Achnanthes cocconeioides* Riznyk

16. 柔弱曲壳藻 *Achnanthes delicatissima* Simonson

17. 粗曲壳藻 *Achnanthes trachyderma* (F. Meister) Riaux-Gobin, Compère, Hinz et Ector

18. 长斑点藻 *Astartiella producta* Witkowski, Lange-Bertalot et Metzeltin

19. 阶梯马丁藻 *Madinithidium scalariforme* (Riaux-Gobin, Compère et Witkowski) Witkowski, Riaux-Gobin et Desrosiers

20. 马氏平面藻 *Planothidium mathurinense* Riaux-Gobin et Al-Handal

21. 罗德平面藻 *Planothidium rodriguense* Riaux-Gobin et Compère

22. 睫毛裂节藻 *Schizostauron fimbriatum* Grunow

23. 阔口偏缝藻 *Anorthoneis eurystoma* Cleve

24. 涡旋偏缝藻 *Anorthoneis vortex* Sterrenburg

25. 杯形卵形藻 *Cocconeis cupulifera* Riaux-Gobin, Romero, Compère et Ai-Handal

26. 马斯克林卵形藻 *Cocconeis mascarenica* Riaux-Gobin et Compère

27. 独立卵形藻 *Cocconeis sovereignii* Hustedt

28. 细弱卵形藻 *Cocconeis subtilissima* Meister

29. 蔡氏海生双眉藻 *Halamphora cejudoae* Alvarez-Blanco et S. Blanco

30. 盐地海生双眉藻 *Halamphora salinicola* Levkov et Diaz

31. 亚膨大迪氏藻 *Dickieia subinflata* (Grunow) D.G. Mann

32. 水母曲解藻 *Fallacia aequorea* (Hustedt) D.G. Mann

33. 奈尔曲解藻 *Fallacia nyella* (Hustedt) D.G. Mann

34. 维氏矮羽纹藻 *Chamaepinnularia wiktoriae* (Witkowski et Lange-Bertalot) Witkowski, Lange-Bertalot et Metzeltin

35. 拟威氏双壁藻 *Diploneis weissflogiopsis* Lobban et Pennesi
36. 沙地波状藻 *Cymatoneis margarita* Witkowski
37. 盐生微肋藻 *Microcostatus salinus* Li et Suzuki
38. 阿加莎舟形藻 *Navicula agatkae* Witkowski, Lange-Bertalot et Metzeltin
39. 岛屿双眉藻 *Amphora insulana* Stepanek et Kociolek
40. 乔氏双眉藻 *Amphora jostesorum* Witkowski, Lange-Bertalot et Metzeltin

中心对称硅藻 Centric diatoms

帕拉藻目Paraliales Crawford

帕拉藻科 Paraliaceae Crawford

帕拉藻属 *Paralia* P.A.C. Heiberg

模式种: *P. marina* (W. Smith) Heiberg

椭圆帕拉藻 *Paralia elliptica* Garcia（图版 1: 1）

Garcia 2003, p. 41, figs 1-19.

壳面椭圆形,长 18.8 μm,宽 9.7 μm。壳面呈波浪形,中部具隆起和凹槽状结构,靠近壳缘处为无纹区,壳套上具点纹。Garcia（2003b）记载壳面长 25～42 μm,宽 10～12 μm。

生态:海水生活。

分布:该种为中国新记录种,样品采自漳州东山金銮湾沙滩。巴西有记载。

圆筛藻目Coscinodiscales Round et Crawford

沟盘藻科 Aulacodiscaceae (Schutt) Lemmermann

沟盘藻属 *Aulacodiscus* Ehrenberg

模式种: *A. crux* Ehrenberg

约翰逊沟盘藻 *Aulacodiscus johnsonii* Arnott ex Ralfs（图版 1: 2-5）

Pritchard 1861, p. 844; Sims & Holmes 1983, p. 267, figs 9-15.

同种异名: *A. kittonii* var. *johnsonii* Rattray

壳面圆形,直径 68～94 μm。孔纹圆形,具圆顶状突起的覆盖膜,膜中央有一个大的乳头状突起,四周有许多小的乳头状突起,内壳面可见膜上具小的点纹。

孔纹放射状，10 μm 有 5～6 个，壳缘孔纹明显变小。壳面中部凹陷，中央具一突起的圆形无纹区，近壳缘突起部分具有 4 个管状突，等距离排列，管状突在壳面外部呈蘑菇状，中央有一圆孔，管状突在壳面内部形成两个马蹄形结构。内壳面具 4 条无纹放射线，将壳面分为 4 块。

　　该种与其他种显著区别的特征在于蘑菇状外管状突，中央仅有一圆孔，而 *A. kittonii* Arnott ex Ralfs、*A. africanus* Cottam 等种类也具有蘑菇状外管状突，但管状突上除了圆孔外，还有一至多个裂缝。该种孔纹覆盖膜结构也与其他种不同。Sims 和 Holmes（1983）记载该种大小为 37～100 μm，管状突通常 4 个，偶尔出现 3 个。

　　生态：海水、半咸水生活。

　　分布：该种为中国新记录种，样品采自福建宁德大京沙滩、泉州崇武西沙湾沙滩、漳州东山金銮湾沙滩。该种分布广泛，亚洲（印度尼西亚、印度）、非洲、美洲、大洋洲、欧洲、太平洋等地均有记载。

乳头盘藻目 Eupodiscales Cox

齿状藻科 Odontellaceae Simonsen

拟网藻属 *Pseudictyota* P.A. Sims et D.M. Williams

　　模式种：*P. reticulata* (Roper) P.A. Sims et D.M. Williams

可疑拟网藻 *Pseudictyota dubium* (Brightwell) P.A. Sims et D.M. Williams（图版 1：6）

Bright 1859, p. 180, fig. 9: 12; Chin et al. 1965, p. 156, fig. IX: 4; Sims et al. 2018, p. 38, figs 133-138.

基本异名：*Triceratium dubium* Brightwell

同种异名：*Biddulphia dubia* (Brightwell) Cleve; *Biddulphia reticulata* var. *dubia* (Brightwell) Cleve; *Odontella dubia* (Brightwell) Cleve; *Odontella dubia* (Brightwell) Chavez et Baumgartner

　　壳面菱柱形，长 44～48 μm，宽 37～41 μm。孔纹粗大，10 μm 有 4～5 个，孔纹内有细小点纹。壳面具粗短钝突。Sims 等（2018）记载壳面长 30～46 μm，宽 28～42 μm；壳面孔纹中央大，壳缘小，具 3 个唇形突。

　　生态：海水生活。

　　分布：样品采自福建泉州崇武西沙湾沙滩、漳州东山金銮湾沙滩。该种分布广泛，在黄海胶州湾、广东等地也有分布；美国加利福尼亚沿岸、日本、菲律宾等地均有记载。

三角藻目Triceratiales Round et Crawford

斜斑藻科 Plagiogrammaceae De Toni

沙藻属 *Psammogramma* Sato et Medlin

模式种：*P. vigoensis* Sato et Medlin

该属为中国新记录属。细胞壳面相连形成直的链状群体。壳环面长方形，壳环带 5 ～ 10 条。壳面椭圆形，拟壳缝不明显，点条纹由单排点纹组成，平行或交错排列。壳端具顶孔区，顶孔区在外壳面具装饰物覆盖；壳面点条纹之间具刺；壳面无唇形突。

维戈沙藻 *Psammogramma vigoensis* Sato et Medlin（图版 2：1-4）

Sato et al. 2009, p. 255, figs 1-19.

壳环面长方形。壳面长椭圆形，壳端钝圆，长 4.5 ～ 6.0 μm，宽 2.5 ～ 3.0 μm。点纹圆形或不规则形，具筛孔；点条纹由单排点纹组成，平行排列，10 μm 有 18 ～ 20 条，有时在壳面两侧交错排列；内壳面点条纹嵌入式排列。拟壳缝不明显，壳端具顶孔区；壳套高，具多个壳环带。细胞依靠壳面连接形成群体，壳缘点条纹之间具刺，每个刺与另一个连接壳面的点纹相对应。Sato 等（2009）记载壳面长 6.3 ～ 14.0 μm，宽 2.2 ～ 2.6 μm；点条纹 10 μm有 22 ～ 26 条。

生态：海水生活。

分布：该种是中国新记录种，样品采自福建泉州崇武西沙湾沙滩。此前仅在西班牙有报道。

背沟藻目Anaulales Round et Crawford

背沟藻科 Anaulaceae (Schutt) Lemmermann

井字藻属 *Eunotogramma* Weisse

模式种：*E. laeve* Grunow

厦门井字藻 *Eunotogramma amoyensis* Chen, Gao et Zhuo, sp. nov.（图版 3：1-11）

壳面弧形，中部膨大，壳端钝圆。壳面长 9 ～ 12 μm，宽 2.5 ～ 2.7 μm。点纹圆形，斜交叉排列，10 μm 有 55 个，点纹在壳面和壳套均有分布。细胞有 2 ～ 3 个隔片，将壳面分成 3 ～ 4 部分。壳面腹部中央近壳缘处有一个唇形突。壳环带多条，上有点纹分布。

生态：海水生活。

分布：样品采自福建厦门海韵台沙滩。

模式标本：图版 3：8，模式标本号 N202001，同模式标本号 NI202001，厦门大学生命科学学院，中国，采集人卓素卿。

柔弱井字藻 *Eunotogramma debile* Grunow（图版 2：5-8）

Grunow 1877-1882, No. 257; Boyer 1926, p. 143; Van Landingham 1967-1979, p. 1627;
   Jin et al. (金德祥等) 1991, p. 47, figs 904-905.

同种异名：*E. marinum* (W. Sm.) Peragallo

壳面狭长，具背腹部之分，腹部略直，壳端钝圆。壳面长 22 ~ 26 μm，宽 2.7 ~ 3.9 μm。壳面及壳套均有点纹分布，10 μm 有 40 个。壳面近中部具一唇形突。每个细胞有 6 ~ 8 个隔片。金德祥等（1991）记载壳面长 23 ~ 45 μm，每个细胞有隔片 6 ~ 14 个。

生态：海水、半咸水生活。

分布：样品采自福建福州长乐沙滩、漳州东山金銮湾沙滩。广西北海、福建龙海等地也有分布；澳大利亚、美国、比利时等地均有记载。

沙地井字藻 *Eunotogramma litorale* Amspoker（图版 2：9）

Amspoker 2016, p. 390, figs 1-24.

壳面半椭圆形，背部凸起，腹部略直。壳面长 13 ~ 16 μm，宽 3 ~ 5 μm。壳面具 2 ~ 4 个隔片。壳面无点纹，近壳缘处具一 C 形唇形突，壳端具 2 个 C 形唇形突，背部壳套上具多列点纹。Amspoker（2016）记载壳面长 8.8 ~ 26.4 μm，宽 4.0 ~ 6.4 μm；壳面隔片 1 ~ 6 个，依壳面形状、大小而变；唇形突在外壳面圆形或椭圆形，在内壳面为 C 形。该种类似平滑井字藻［*E. laeve* Grunow = *E. laevis* (Cleve) Grunow］，但 Amspoker（2011）记载平滑井字藻壳面具点纹，而该种壳面无点纹。

生态：海水、半咸水生活。

分布：该种为中国新记录种，样品采自福建福州长乐沙滩。美国加利福尼亚、圣地亚哥等地均有记载。

波纹藻目 Cymatosirales Round et Crawford

波纹藻科 Cymatosiraceae Hasle, Von Stosch et Syvertsen

弧眼藻属 *Arcocellulus* Hasle, von Stosch et Syvertsen

模式种：*A. mammifer* Hasle, von Stosch et Syvertsen

角突弧眼藻 *Arcocellulus cornucervis* **Hasle, von Stosch et Syvertsen**（图版 **4：1**）

Hasle et al. 1983, p. 59, figs 301-333, 408-414；Cheng et al. (程兆第等) 1993，p. 60, figs 26: 210-214, 27: 218.

壳面长椭圆形，壳端尖圆。壳面长 5.3 μm，宽 1 μm。壳缘具一列点纹，10 μm 有 39 个。壳面近中央处有一个管状突起，壳端各有一个单眼，壳面上有许多小刺。Hasle 等（1983）记载壳面长 1.2 ～ 13 μm，宽 0.7 ～ 1.5 μm；壳缘点纹 10 μm 有 39 ～ 45 个；壳面 2 端具纤毛，大的细胞壳环面弯曲明显。

生态：海水生活。

分布：样品采自福建泉州崇武西沙湾沙滩。厦门也有分布；德国、挪威、新西兰等地均有记载。

鞍链藻属 *Campylosira* Grunow ex Van Heurck

模式种：*C. cymbelliformis* (A.S.) Grunow ex Van Heurck

桥弯形鞍链藻 *Campylosira cymbelliformis* **(A.S.) Grunow ex Van Heurck**（图版 **4：2**）

Van Heurck 1881, fig. 45: 43; Hasle et al. 1983, p. 26, figs 72-96; Cheng et al. (程兆第等) 2012, p. 8, fig. I: 1; Sun (孙琳) 2013, p. 185, figs 650-652.

基本异名：*Synedra cymbelliformis* A. Schmidt

细胞带状群体生活。壳面弓形，背缘明显凸起，腹缘略凸，壳面长 13 ～ 30 μm，宽 3.7 ～ 4.4 μm。点纹圆，近乎斜交叉排列在壳面上；壳面中部有一无纹区，无纹区靠近壳缘处有一管状突起；壳面无拟壳缝，壳端各有一个单眼。Cupp（1943）记录壳面长 25 ～ 45 μm，宽 4 ～ 5 μm；Hendey（1964）记录壳面长 30 ～ 36 μm。

生态：海水生活。

分布：样品采自福建漳州南太武沙滩。台湾海峡、广东大亚湾、南海等地也有分布；欧洲沿岸和北美南加利福尼亚沿岸等地均有记载。

波纹藻属 *Cymatosira* Grunow

模式种：*C. lorenziana* Grunow

驼峰波纹藻 *Cymatosira gibberula* **Cheng et Gao**（图版 **4：3-5**）

Cheng & Gao (程兆第和高亚辉) 1992, p. 198, figs 1: 1-3; Cheng et al. (程兆第等) 1993, p. 60, figs 25: 204-209; Cheng et al. (程兆第等) 2012, p. 10, figs 26: 379-383.

壳面驼峰形，背部强烈凸出，腹侧稍微凹陷，壳端延长并隆起。壳面长 9.5 μm，宽 3.5 ～ 5.9 μm。点纹具筛孔，平行排列或不规则排列，10 μm 有 20 个；壳缘有 1 列等距离的缘刺，不等长，分叉或不分叉，10 μm 有 17 根。壳面背部近壳缘处有 1 个管状突。程兆第等（1993）记载壳面长 8.0 ～ 14.5 μm；壳环面观方形，有横列的细孔，缘刺、壳端隆起和唇形突外管相互成平行方向伸展；细胞成短链状群体或单独生活。

生态：海水生活。

分布：样品采自福建泉州崇武西沙湾沙滩。厦门也有分布。

洛氏波纹藻 *Cymatosira lorenziana* Grunow（图版 4: 6-8）

Grunow 1862, p. 378, fig. 4: 25; Hasle et al. 1983, p. 9, figs 1-25; Jin et al. 1982, p. 172, fig. 46: 192; Lan et al. 1995, p. 23, figs 25: 173, 274.

壳面宽披针形，壳端延长，尖。壳面长 32.0 μm，宽 9.5 μm。点纹 10 μm 有 7 个，交叉排列，点纹由多孔筛板组成。壳面两端隆起，具无纹区，内有 1 个单眼；壳套高，壳缘有一圈刺，细胞依赖壳缘刺连接成群体。Hasle 等（1983）记载壳面长 12 ～ 50 μm，宽 6 ～ 11 μm，点纹 10 μm 有 8 ～ 10 个；壳面有管状凸起，上下壳面中部均稍微凸起，壳套上有与壳缘平行的点纹。

生态：海水生活。

分布：样品采自福建泉州崇武西沙湾沙滩。厦门也有分布；澳大利亚、墨西哥湾、美国北卡罗来纳州等地均有记载。

拟波纹藻属 *Cymatosirella* Dabek, Witkowski et Sabbe

模式种：*C. capensis* (Giffen) Dabek, Witkowski et Archibald

该属为中国新记录属。壳环面长方形，壳面波浪状，椭圆形或披针形。壳面无突起、中节、纤毛、拟隔片和壳缘刺。

微小拟波纹藻 *Cymatosirella minutissima* (Sabbe et Muylaert) Dabek, Witkowski et Sabbe（图版 5: 1-4）

Sabbe & Muylaert 2010, p. 246, figs 17-20, 28, 31; Dabek et al. 2013, p. 121, fig. 50; Garcia 2016, p. 1, figs 5-6, 23-28.

同种异名：*Cymatosira minutissima* Sabbe et Muylaert

壳面平，形状多变，圆形、椭圆形或长椭圆形。壳面长 2.0 ～ 3.5 μm，宽 1.7 μm。点纹具筛孔，不规则排列或线形排列，10 μm 有 26 ～ 31 个，壳面有时具有无纹区，唇形突有时有 1 个，有时无。壳端具 2 个单眼，由约 10 个小孔组成。壳套宽，无纹，壳环带宽，上有一列点纹。Garcia（2016）记载壳面长 3 ～ 9 μm，宽 1.5 ～ 3.0 μm；点纹 10 μm 有 12 ～ 15 个，但根据文中图（figs. 23-28）测量点纹 10 μm 有 28 ～ 34 个。

生态：海水生活。

分布：该种为中国新记录种，样品采自福建泉州崇武西沙湾沙滩。荷兰、巴西等地均有记载。

无管眼藻属 *Extubocellulus* Hasle, von Stosch et Syvertsen

模式种: *E. spinifer* (Hargrave et Guillard) Hasle, von Stosch et Syvertsen

筛孔无管眼藻 *Extubocellulus cribriger* Hasle, von Stosch et Syvertsen（图版 5: 5）

Hasle 1983, p. 73, figs 391-407; Cheng et al. (程兆第等) 1993, p. 62, figs 227-229.

壳面椭圆形至近圆形。壳面长 2 ～ 5 μm,宽 2 ～ 3 μm。点纹圆形,内由筛孔组成,大,平行或不规则排列, 点纹 10 μm 有 23 ～ 30 个。壳面具刺, 细长, 不规则分布。壳端侧面具有 2 个相对的单眼,壳面中部有管状突起,有时无。壳套高,光滑,壳环面宽,具多个壳环带,上有一列点纹。Hasle 等(1983)记载壳面长 2.2 ～ 3.4 μm,宽 2.2 ～ 2.7 μm。

生态: 海水生活。

分布: 样品采自福建泉州崇武西沙湾沙滩。厦门也有分布; 德国有记载。

有棘无管眼藻 *Extubocellulus spinifer* (Hargrave et Guillard) Hasle, von Stosch et Syvertsen（图版 5: 6-8）

Hasle et al. 1983, p. 70, figs 362-390, 392.

基本异名: *Bellerochea spinifera* Hargrave et Guillard

壳面椭圆形至长椭圆形。壳面长 3.0 ～ 4.5 μm,宽 1.8 ～ 2.3 μm。点纹圆形,大,平行或不规则排列, 点纹 10 μm 有 44 ～ 48 个。壳面具刺, 细长或钝圆形, 不规则分布。壳端侧面具有 2 个相对的单眼。壳套高,光滑,壳环面宽,具多个壳环带,可达 14 个或更多,壳环带上有一列点纹。Hasle 等(1983)记载壳面长 2.2 ～ 3.6 μm,宽 1.6 ～ 3.2 μm; 点纹 10 μm 约 50 个。

生态: 海水生活。

分布: 样品采自福建泉州崇武西沙湾沙滩。福建东山也有分布; 欧洲北海、北美东西海岸等地均有记载。

兰伯特藻属 *Lambertocellus* Dabek, Witkowski et Ashworth

模式种: *L. africana* (Dabek et Witkowski) Dabek, Witkowski et Ashworth

该属为中国新记录属。壳环面弯曲,细胞群体或单个。两个壳面不同,一个壳面凹陷,具突起,突起位于壳面中部近壳缘处;另一个壳面凸起,具分支的纤毛。点纹仅有一列, 位于壳缘,壳面其余部分为无纹区。

非洲兰伯特藻 *Lambertocellus africana* (Dabek et Witkowski) Dabek, Witkowski et Ashworth（图版 6: 1-5）

Dabek et al. 2014, p. 225, figs 1-18; Dabek et al. 2017, p. 342, fig. 3.

基本异名：*Minutocellus africana* Dabek et Witkowski

壳面披针形，壳端尖圆。壳面长 10 ～ 13 μm，宽 3.7 μm。点纹小，圆形，仅有一列点纹分布在壳缘，10 μm 有 37 ～ 42 个，点纹在内壳面则延长呈棒状，由一个大的孔和一个小的孔嵌套组成。壳面的两个壳端各有一个单眼，由 15 个或更多的小孔组成；壳面具一个管状突，位于壳面的中央或接近壳缘处。Dabek 等（2014）记载壳面长 11 ～ 30 μm，宽 3 ～ 5 μm；点纹 10 μm 有 37 ～ 40 个；细胞一般单生或成链状群体，壳环带由一些窄的带组成并有一列小孔分布在上面；环带观呈中间弯曲的矩形；每个细胞有一个色素体，位于壳面中央，占据壳面的三分之一；壳套浅而圆，无花纹，壳面具长的纤毛。该种形态与微眼藻属的种类类似，如壳端的单眼、壳面上具有长的纤毛等。

生态：海水生活。

分布：该种为中国新记录种，样品采自福建泉州崇武西沙湾沙滩、漳州东山金銮湾沙滩。此前仅在南非兰伯特湾有发现。

雷柏藻属 *Leyanella* Hasle, von Stosch et Syvertsen

模式种：*L. arenaria* Hasle, von Stosch et Syvertsen

该属为中国新记录属。细胞群体生活。两个壳面结构不同，一个壳面具纤毛，另一个壳面无；壳面具管状突起；壳缘具筛状隆起，细胞之间筛状隆起互相重叠连接形成群体。

沙生雷柏藻 *Leyanella arenaria* Hasle, von Stosch et Syvertsen（图版 6：6-9）

Hasle et al. 1983, p. 50, figs 243-271.

细胞通常群体生活。壳面宽披针形或棍形，壳端钝圆或尖圆，壳面长 8.3 ～ 10.5 μm，宽 1.7 ～ 2.7 μm。点纹圆形或不规则，具筛孔膜覆盖；壳缘点纹较大，壳面点纹较小，壳缘点条纹 10 μm 有 20 ～ 21 条。壳端具 2 个单眼；壳面中部近壳缘处有一个管状突起。壳面波浪状，通常凹陷处无点纹，将壳面分隔成几个部分。壳环面弯曲，壳缘具筛状隆起，细胞之间筛状隆起互相重叠形成群体，群体顶端凸起细胞上具 2 条纤毛。Hasle 等（1983）记载壳面长 2.5 ～ 20 μm，宽 2 ～ 4 μm；点条纹 10 μm 有 15 ～ 17 条。

生态：海水生活。

分布：该种为中国新记录种，样品采自福建泉州崇武西沙湾沙滩、漳州东山金銮湾沙滩。德国有记载。

微眼藻属 *Minutocellus* Hasle, von Stosch et Syvertsen

模式种：*M. polymorphus* (Hargraves et Guillard) Hasle, von Stosch et Syvertsen

多形微眼藻 *Minutocellus polymorphus* (Hargraves et Guillard) Hasle, von Stosch et Syvertsen（图版 7：5）

Hasle et al. 1983, p. 39, figs 156-189; Hargraves & Guillard 1974, p. 167, figs 1-8; Cheng et al.（程兆第等）1993, p. 61, figs 27: 219-223; Fukuyo et al. 1995, p. 278-279, figs A-G; Li（李扬）2006, p. 257, figs 17: 292-294, 18: 295-298.

基本异名：*Bellerochea polymorpha* Hargraves et Guillard

　　壳面披针形，壳端尖圆。壳面长 11 ～ 15 μm，宽 2.4 ～ 2.6 μm。两个壳面结构不同，一个壳面凸起，具 2 条纤毛，另一个壳面凹陷。点纹基本上布满壳面，内有 2 ～ 6 个小孔，10 μm 约 43 个。壳面中部近壳缘处有管状突起。壳端具单眼，内有数个小孔。该种细胞形态与大小变化较大，Hasle 等（1983）记载壳面长为 3 ～ 30 μm，宽为 2 ～ 3 μm，点纹 10 μm 约 40 个；Hargravest 和 Guillard（1974）记载壳面长为 2.2 ～ 14.0 μm，宽为 2.1 ～ 3.4 μm。

　　生态：海水生活。

　　分布：样品采自福建厦门海韵台沙滩、泉州崇武西沙湾沙滩、漳州东山金銮湾沙滩。福建厦门港、平潭岛等地也有分布；该种为世界广布种，大西洋、欧洲北海、秘鲁近海、日本海域、大洋洲水域等地均有记载。

斜柄纹藻属 *Plagiogrammopsis* Hasle, von Stosch et Syvertsen

　　模式种：*P. vanheurckii* (Grunow) Hasle, von Stosch et Syvertsen

小型斜柄纹藻 *Plagiogrammopsis minima* (Salah) Sabbe et Witkowski（图版 7：1-4）

Salah 1955, p. 91, fig. 15; Sabbe & Witkowski 2010, p. 246, figs 7-10, 32-25, 43-55; Garcia 2016, p. 6, figs 7-9, 29-36.

同种异名：*Plagiogramma minimum* Salah

　　壳面长椭圆形，壳端钝圆。壳面长 6 ～ 9 μm，宽 2.0 ～ 2.5 μm。点纹圆形，具筛孔，10 μm 有 15 ～ 17 个。壳面中部具无纹区，在内壳面为隔片，隔片附近靠近壳缘处有一个唇形突。壳端侧面具两个相对的单眼。壳面上不规则地分布着一些刺，有时点纹上也有，细胞依靠这些刺连接成群体。壳套宽，壳环带有一列点纹。Garcia（2016）记载壳面长 9 ～ 13 μm，宽 1.5 ～ 2.5 μm；点纹 10 μm 有 12 ～ 20 个；壳环带上有一列点纹。

　　生态：海水生活。

　　分布：样品采自福建莆田湄洲湾沙滩、泉州崇武西沙湾沙滩、漳州东山金銮湾沙滩。台湾也有分布；荷兰、巴西、欧洲北海、大西洋沿岸、北美洲等地均有记载。

无壳缝硅藻 Araphid diatoms

脆杆藻目 Fragilariales Silva

脆杆藻科 Fragilariaceae Greville

坑形藻属 *Craterculifera* Li, Witkowski et Ashworth

模式种：*C. shandongensis* Li, Witkowski et Ashworth

山东坑形藻 *Craterculifera shandongensis* Li, Witkowski et Ashworth（图版 7：6）

Li et al. 2016, p. 1031, fig 9.

壳面长披针形，轻微异极，壳端尖圆。壳面长 19.0 μm，宽 4.8 μm。点纹圆形，小，突起，高于壳面；点条纹由单排点纹组成，平行排列，点条纹 10 μm 有 12 条。拟壳缝披针形，在壳面中部宽，逐渐向两端变窄；壳缘具短刺，通常情况下靠近壳缘点纹，每个点纹两侧分布 2 个短刺，有时无；壳面两端具顶孔区，内由几个点纹组成。Li 等（2016）记载壳面长 12.6 ～ 14.8 μm，宽 4.0 ～ 5.1 μm；点条纹 10 μm 有 13 ～ 14 条；壳环带宽，上具一列点纹。

生态：海水生活。

分布：样品采自福建泉州崇武西沙湾沙滩。山东青岛也有分布，其他地方未见报道。

格但斯克藻属 *Gedaniella* Li, Sato et Witkowski

模式种：*G. boltonii* Li, Krawczyk, Dabek et Witkowski

阿氏格但斯克藻 *Gedaniella alfred-wegeneri* Li, Sato et Witkowski（图版 7：7）

Li et al. 2018, p. 30, figs 8, 60-62, 217-221.

壳面异极，披针棍棒形，壳面长 14.5 μm，宽 2.3 μm。点纹宽线形，从壳面到壳套均有分布；点条纹平行交错排列，10 μm 有 15 条。拟壳缝窄披针形，从壳面中部向壳端变窄。壳端具顶孔区；壳缘点条纹内具一列刺。Li 等（2018）记载壳面长 18.5 ～ 22.0 μm，宽 3.0 ～ 3.5 μm；点条纹 10 μm 有 9 ～ 10 条；壳缘刺不明显，仅有轻微突起。

生态：海水、半咸水生活。

分布：该种为中国新记录种，样品采自福建漳州南太武沙滩。南非、葡萄牙等地均有记载。

波顿格但斯克藻 *Gedaniella boltonii* Li, Krawczyk, Dabek et Witkowski（图版 7：8-9）
Li et al. 2018, p. 24, figs 5-7, 42-59, 191-216.

　　壳面轻微异极，棍棒形或椭圆形。壳面长 4.3 ～ 8.3 μm，宽 2.6 ～ 3.2 μm。点纹宽线形，从壳面到壳套均有分布；点条纹平行交错排列，10 μm 有 15 ～ 17 条。拟壳缝宽，披针形，从壳面中部向壳端变窄。壳端具顶孔区；壳缘点条纹内具一列刺。Li 等（2018）记载壳面长 2.5 ～ 19.5 μm，宽 2.0 ～ 5.0 μm；点条纹 10 μm 有 14 ～ 16 条。

　　生态：海水、半咸水生活。

　　分布：该种为中国新记录种，样品采自福建漳州南太武沙滩。南非、葡萄牙等地均有记载。

玻璃藻属 *Hyaloneis* Amspoker

　　模式种：*Hyaloneis hyalinum* (Hustedt) Amspoker

　　该属为中国新记录属。细胞群体生活。壳环面长方形，轻微凸起。壳面对称，窄线形，壳套浅，壳端钝圆或轻微头状；壳面无纹，无拟壳缝；壳端具顶孔区。壳面无壳缝、唇形突、点纹、刺、拟隔片或肋等结构。

无纹玻璃藻 *Hyaloneis hyalinum* (Hustedt) Amspoker（图版 7：10）
Hustedt 1955, p. 12, figs 39-41; Amspoker 2008, p. 11, figs 1-18; Garcia 2011, p. 5, figs 8-12, 28-31.
基本异名：*Dimerogramma hyalinum* Hustedt

　　壳面线披针形，壳端具头状。壳面长 15.6 ～ 23.4 μm，宽 2.3 ～ 2.8 μm。整个壳面无纹。壳端具顶孔区，由多列点纹组成。Amspoker（2008）记载壳面长 13 ～ 30 μm，宽 3 ～ 4 μm；壳环面长方形，壳套浅，无纹。

　　生态：海水、半咸水生活。

　　分布：该种为中国新记录种，样品采自福建宁德大京沙滩、泉州崇武西沙湾沙滩。美国加利福尼亚州、北卡罗来纳州等地均有记载。

滨海玻璃藻 *Hyaloneis litoralis* Chen, Gao, Zhuo et Wang, sp. nov.（图版 8：1-3,7-9）

　　壳面棍形或宽棍形，壳端钝圆。壳面长 6.5 ～ 8.0 μm，宽 1.5 ～ 2.5 μm。整个壳面无纹。壳端具顶孔区，由多列点纹组成。该种与无纹玻璃藻相比，壳面较短，壳端没有延长成头状。

　　生态：海水、半咸水生活。

　　分布：样品采自福建宁德大京沙滩、泉州崇武西沙湾沙滩、漳州东山金銮湾沙滩。

模式标本：图版 8：8，模式标本号 N202002，同模式标本号 NI202002，厦门大学生命科学学院，中国，采集人卓素卿、王震。

槌棒藻属 *Opephora* Petit

模式种：*O. pacifica* (Grunow) Petit

太平洋槌棒藻 *Opephora pacifica* (Grunow) Petit（图版 9：1，2）

Li et al. 2018, p. 53, figs 21, 99-104, 324-329.

基本异名：*Fragilaria pacifica* Grunow

壳面异极，棍棒形，宽端钝圆，窄端尖圆。壳面长 15 ～ 20 μm，宽 3.5 ～ 4.5 μm。点纹为长室孔，仅在壳缘两侧各有一列，平行排列，10 μm 有 9 ～ 11 条。拟壳缝较宽，线形或披针形。壳端具顶孔区，由几列点条纹组成。Li 等（2018）记载壳面长 4.5 ～ 10.5 μm，宽 2.5 ～ 3.0 μm；点条纹 10 μm 有 11 ～ 14 条。

生态：海水、半咸水生活。

分布：样品采自福建漳州南太武沙滩。厦门也有分布；美国得克萨斯州、法国等地均有记载。

横纹藻属 *Plagiostriata* Sato et Medlin

模式种：*P. goreensis* Sato et Medlin

该属为中国新记录属。细胞单个生活。壳环面长方形。壳面披针形、椭圆形、线形。拟壳缝明显，壳面具退化的唇形突，有时无。壳端具顶孔区，简单。

横纹藻未定种 1 *Plagiostriata* sp. 1（图版 9：3，4）

壳面长椭圆形或宽线形，壳端尖圆。壳面长 4.6 μm，宽 1.6 ～ 1.8 μm。点纹小，圆形。点条纹平行排列，10 μm 有 44 条。壳面拟壳缝窄，不明显。壳面中部近壳缘处有一个唇形突，有时无。壳端具简单顶孔区，由 2 个点纹组成。

生态：海水、半咸水生活。

分布：样品采自福建宁德大京沙滩。

横纹藻未定种 2 *Plagiostriata* sp. 2（图版 9：5，6）

壳面长椭圆形或宽线形，易变形，壳端钝圆。壳面长 4.9 ～ 6.2 μm，宽 1.8 ～ 2.6 μm。点纹圆形，具筛孔。点条纹平行排列，10 μm 有 32 ～ 34 条。壳面拟壳缝窄。壳面中部近壳缘处有一个唇形突，有时无。壳端具简单顶孔区，由 2 个点纹组成。

生态：海水、半咸水生活。

分布：样品采自福建宁德大京沙滩、平潭龙凤头沙滩。

拟玻璃藻属 *Pravifusus* Witkowski, Lange-Bertalot et Metzeltin

模式种：*P. hyalinus* Witkowski, Lange-Bertalot et Metzeltin

该属为中国新记录属。细胞群体生活。壳面多变，长披针形或半月形，壳面无纹，仅在壳缘两侧各有一列刺，壳端具顶孔区，由 2 个点纹或多列点纹组成。

巴西拟玻璃藻 *Pravifusus brasiliensis* Garcia（图版 9：7）

Garcia 2011, p. 5, figs 1-7, 13-27.

壳面长披针形，壳面两侧略缢缩，壳端近头状延长。壳面长 12.5 μm，宽 2.2 μm。壳面光滑无纹，壳面两侧各具一列刺，10 μm 有 22 条。壳端具顶孔区，内由多列点纹组成。Garcia（2011）记载壳面长 12 ～ 27 μm，宽 2.2 ～ 2.8 μm；壳环面长方形；壳面刺末端分叉；壳环带多条。

生态：海水生活。

分布：该种为中国新记录种，样品采自福建泉州崇武西沙湾沙滩。此前该种仅在巴西有记载。

简单拟玻璃藻 *Pravifusus inane* (Giffen) Garcia（图版 9：8）

Giffen 1975, p. 76, figs 33-35; Garcia 2005, p. 275, figs 1-15.

基本异名：*Campylosira inane* Giffen

壳面半月形，腹部直或略凸出，背部凸起明显，壳端圆。壳面长 13.0 μm，宽 2.8 μm。壳面无点纹，壳缘两侧各有一列刺，10 μm 有 22 条，刺两侧散布着一些细点，有时无。壳端具顶孔区。Garcia（2005）记载壳面长 16 ～ 23 μm，宽 3.0 ～ 3.5 μm；壳缘小刺 10 μm 有 14 ～ 25 条；壳套上有一列点纹。壳环带多条。

生态：海水生活。

分布：该种为中国新记录种，样品采自福建泉州崇武西沙湾沙滩。南非、巴西等地均有记载。

小型拟玻璃藻 *Pravifusus minor* Chen, Gao, Wang et Zhuo, sp. nov.（图版 8：4-6，10-12）

壳面长椭圆形，壳面两侧膨大，壳端钝圆或略微缢缩。壳面长 9 ～ 11 μm，宽 1.4 ～ 3.1 μm。壳面光滑无纹，壳面两侧各具一列刺，10 μm 有 22 ～ 26 条。壳端具顶孔区，内由多列点纹组成。该种与巴西拟玻璃藻（*Pravifusus brasiliensis*）相比，壳面较短，壳端没有延长成近头状。

生态：海水生活。

分布：样品采自福建莆田湄洲湾沙滩、泉州崇武西沙湾沙滩、漳州东山金銮湾沙滩。

模式标本：图版 8：11，模式标本号 N202003，同模式标本号 NI202003，厦门大学生命科学学院，中国，采集人卓素卿、王震。

拟十字藻属 *Pseudostaurosira* (Grunow) D.M. Williams et F.E. Round

模式种：*P. brevistriata* (Grunow) D.M. Williams et F.E. Round

拟十字藻属未定种 1 *Pseudostaurosira* sp. 1（图版 9：9，10）

壳面披针形，壳端尖圆。壳面长 10 ～ 11 μm，宽 2 ～ 2.2 μm。点纹圆形，具膜覆盖。点条纹由单排点纹组成，平行排列，两侧壳缘处各有一列点条纹，壳套上各有两列点条纹，点条纹 10 μm 有 20 ～ 21 条。拟壳缝宽，披针形。壳端具顶孔区，上有颗粒物覆盖。壳面点条纹内有刺，2 根长短不同。内壳面可见顶孔区由 4 个孔纹组成。

生态：海水、半咸水生活。

分布：样品采自福建宁德大京沙滩、平潭龙凤头沙滩、漳州东山金銮湾沙滩。

拟十字藻属未定种 2 *Pseudostaurosira* sp. 2（图版 9：11，12）

壳面椭圆形至长椭圆形，壳端钝圆。壳面长 5.5 ～ 6.5 μm，宽 1.4 ～ 2.1 μm。点纹圆形，具膜覆盖。点条纹由单排点纹组成，平行排列，两侧壳缘处各有一列点条纹，壳套上各有两列点条纹，点条纹 10 μm 有 25 ～ 27 条。拟壳缝宽，披针形。壳端具顶孔区，上有颗粒物覆盖。壳面点条纹内有刺，刺基部横向延长，可达点纹。内壳面可见顶孔区由 4 个孔纹组成。

生态：海水生活。

分布：样品采自福建平潭龙凤头沙滩。

拟十字藻属未定种 3 *Pseudostaurosira* sp. 3（图版 10：1）

壳面异极，棍棒形。壳面长 7.4 μm，宽 1.8 μm。点纹圆形或椭圆形，具膜覆盖。点条纹由单排点纹组成，平行排列，两侧壳缘处各有一列点条纹，壳套上各有一列点条纹，点条纹 10 μm 有 21 条。拟壳缝宽，披针形。壳端具顶孔区，上有颗粒物覆盖。壳面点条纹内有刺。

生态：海水生活。

分布：样品采自福建漳州东山金銮湾沙滩。

辐形藻属 *Stauroforma* Flower, Jones et Round

模式种：*S. exiguiformis* (Lange-Bertalot) Flower, Jones et Round

琳氏辐形藻 *Stauroforma rinceana* Meleder, Witkowski et Li（图版 10：2）

Li et al. 2018, p. 88, figs 38, 179-183, 465-471.

壳面异极，棍棒形。壳面长 11.7 μm，宽 2.4 μm。点纹圆形或扁圆形，点条纹

10 μm 有 21 条。点条纹平行排列，在宽壳端稍微放射状。壳端具顶孔区，在宽端不规则排列，位于壳面上，窄端平行排列，位于壳套。Li 等（2018）记载壳面长 4.5 ～ 11.5 μm，宽 2 ～ 3.5 μm；点条纹 10 μm 有 21 ～ 24 条。

生态：海水、半咸水生活。

分布：该种为中国新记录种，样品采自福建漳州南太武沙滩。此前该种仅在法国有记载。

粗楔藻属 *Trachysphenia* Petit

模式种：*T. australis* Petit

渐尖粗楔藻 *Trachysphenia acuminata* M. Peragallo（图版 10：3）

Tempere & Peragallo 1910, p. 216, figs 401-402; Hustedt 1955, p. 14, figs 4: 50-54; Cheng et al. (程兆第等) 2012, p. 67, figs 344-345.

壳面轻微异极，披针形，壳端延长变窄，壳面长 32 μm，宽 7 μm。点纹圆形，内由筛板组成，点条纹平行排列，10 μm 有 7 条。拟壳缝窄，壳端具顶孔区。程兆第等（2012）记载壳面长 25 ～ 49 μm，宽 5 ～ 6 μm；点条纹 10 μm 有 8 条。

生态：海水生活。

分布：样品采自福建泉州崇武西沙湾沙滩、漳州东山金銮湾沙滩。福建沿岸沉积物中有分布；美国北卡罗来纳州沿岸、菲律宾等地均有记载。

澳洲粗楔藻 *Trachysphenia australis* Petit（图版 10：4）

Peragallo & Peragallo 1897-1908, p. 331, fig. 83: 35; Cheng et al. (程兆第等) 2012, p. 67, figs 346-349.

壳面异极，棍棒形。壳面长 9.5 ～ 16.0 μm，宽 4.5 ～ 6.0 μm。点纹圆形，内由筛板组成，点条纹平行排列，10 μm 有 8 ～ 11 条。拟壳缝窄，壳端具顶孔区。程兆第等（2012）记载壳面长 17 ～ 21 μm，宽 5 ～ 7 μm；点条纹 10 μm 有 7 ～ 7.5 条。

生态：海水生活。

分布：样品采自福建泉州崇武西沙湾沙滩。福建沿岸沉积物中有分布；法国沿岸、英国、菲律宾等地均有记载。

楔形藻目 Licmophorales Round

楔形藻科 Licmophoraceae Kützing

楔形藻属 *Licmophora* C.A. Agardh

模式种：*L. argentescens* Agardh

短纹楔形藻 *Licmophora abbreviata* Agardh（图版 10：5）

Cupp 1943, p. 177, fig. 127; Kokubo 1960, p. 294, fig. 311; Van Landingham 1967-1979,
　　p. 2103; Jin et al. (金德祥等) 1965, p. 189, figs 177: A-D; 1982, p. 183; 1992, p. 194;
　　Cheng et al. (程兆第等) 2012, p. 31-32, figs 5: 57-60.

　　壳面棒形，壳两端异极，壳面长 51.0 μm，宽 8.7 μm。条纹为长室孔，内由线形点纹组成，点纹上具筛孔膜；点条纹在拟壳缝两侧交错平行排列，10 μm 有 12 条。拟壳缝窄，壳面两端具唇形突，有时仅一端有；壳面较窄一端具圆形或不规则形点纹，稀，被壳缘一列点纹围绕。程兆第等（2012）记载壳面长 53 ～ 124 μm，环面三角形或扇形，节间带弯曲，隔片长度占细胞长的 1/8 ～ 2/3；载色体多数，呈椭圆形。

　　生态：海水、半咸水生活。

　　分布：样品采自福建宁德大京沙滩。该种分布广泛，在大型海藻上常见，天津、山东、江苏、海南等地也有分布；日本、澳大利亚、坦桑尼亚和欧洲沿岸等地均有记载。

缝舟藻目Rhaphoneidales Round

缝舟藻科 Rhaphoneidaceae Forti

具槽藻属 *Delphineis* Andrews

　　模式种：*D. angustata* (Pantocsek) Andrews

密具槽藻 *Delphineis densa* Chen, Gao et Wang, sp. nov.（图版 11：6，7，10，11）

　　壳面宽椭圆形，壳端宽圆。壳面长 10 ～ 15 μm，宽 5.5 ～ 7.8 μm。点条纹放射状排列，10 μm 有 18 ～ 21 条。拟壳缝较宽，未达壳端，末端处有 2 个孤立的点；壳端一侧具唇形突。该种类似双菱具槽藻 [*D. surirella* (Ehrenberg) Andrews]，但后者细胞较大，点条纹较稀，10 μm 有 7 ～ 10 条。

　　生态：海水生活。

　　分布：样品采自福建平潭龙凤头沙滩。

　　模式标本：图版 11：11，模式标本号 N202004，同模式标本号 NI202004，厦门大学生命科学学院，中国，采集人王震。

微小具槽藻 *Delphineis minutissima* (Hustedt) Simonsen（图版 10：6）

Hustedt 1939, p. 599, figs 14-15; Watanabe et al. 2013, p. 445, figs 1-15.

基本异名：*Rhaphoneis minutissima* Hustedt

　　壳面近圆形，长 9.3 μm，宽 8.2 μm。点纹由 2 个半圆组成，10 μm 有 14 个；

点条纹由单排点纹组成，在壳面中部平行，壳端放射状排列，10 μm 有 14 条，点条纹从壳面到壳套均有分布。拟壳缝较宽，壳端各有一个唇形突和 2 个小的孔纹。Watanabe 等（2013）记载壳面长 4.1 ～ 10.9 μm，宽 3.5 ～ 7.4 μm；点纹 10 μm 有 12.5 ～ 19.0 个，点条纹 10 μm 有 11.5 ～ 19.0 条。

生态：海水、半咸水生活。

分布：该种为中国新记录种，样品采自福建漳州漳浦六鳌沙滩、东山金銮湾沙滩。英国有记载。

灯台藻属 *Diplomenora* K. Blaze

模式种：*D. cocconeiformis* (Schmidt) Blaze

该属为中国新记录属。壳面圆形至椭圆形，点纹由 2 个半圆组成，点条纹放射状排列；点纹在壳端较密；近壳缘处有唇形突，2 ～ 10 个。该属已知仅有 1 种，即卵形灯台藻［*Diplomenora cocconeiformis* (Schmidt) Blaze］，分布于墨西哥、南非、新西兰、澳大利亚西部、地中海等地，为海洋沙表生硅藻。

中华灯台藻 *Diplomenora sinensis* Chen, Gao et Zhuo, sp. nov.（图版 11：1-5，8，9）

壳面近圆形，长 10 ～ 18 μm，宽 8 ～ 15 μm。点纹由 2 个半圆组成，10 μm 有 14 ～ 18 个，壳缘和壳端点纹较小；点条纹在壳面中部平行排列，壳端放射状排列，10 μm 有 15 ～ 21 条；壳端点条纹较密。壳面中轴区窄，壳端有 1 ～ 2 个唇形突。

Blaze（1984）记载卵形灯台藻壳面直径 20 ～ 50 μm，点纹 10 μm 有 4 ～ 8 个；点条纹 10 μm 有 6 条。该种与卵形灯台藻相比，个体较小，点纹和点条纹都较密。

生态：海水生活。

分布：样品采自福建漳州东山金銮湾沙滩。

模式标本：图版 11：9，模式标本号 N202005，同模式标本号 NI202005，厦门大学生命科学学院，中国，采集人卓素卿。

新具槽藻属 *Neodelphineis* Takano

模式种：*N. pelagica* Takano

大洋新具槽藻 *Neodelphineis pelagica* Takano（图版 10：7-9）

Takano 1982, p. 46, figs 1-34; Cheng et al. (程兆第等) 1993，p. 57, figs 193-197.

壳面长椭圆形至菱椭圆形，壳端钝圆。壳面长 9 ～ 18 μm，宽 4 ～ 5 μm。点纹呈 2 个半圆形，点条纹纵横排列，横点条纹在中部不连续，交错平行排列，10 μm 有 15 ～ 19 条。壳套有一列点纹。壳端有 2 个唇形突，位于无纹区内；壳端中央通常有一个孤立的点纹，圆形。

生态：海水生活。

分布：样品采自福建平潭龙凤头沙滩、漳州东山金銮湾沙滩。厦门也有分布；日本福冈湾、东京等地均有记载。

条纹藻目Striatellales Round

条纹藻科 Striatellaceae Kützing

透明藻属 *Hyalosira* Kützing

未指定模式种。

优美透明藻 *Hyalosira delicatula* Kützing（图版 10：10，11）

Kützing 1844, p. 125, fig. 18: III. 1; Poulin et al. 1984, p. 287, figs 66-69, 71, 72; Navarro & Williams 1991, figs 15, 16; Witkowski et al. 2000, p. 61, figs 21: 11, 15; Li (李朗) 2019, p. 78, figs 27: G-L.

细胞环面观呈长方形。壳面线形至线披针形，壳端钝圆。壳面长 15.5～24.0 μm，宽3.3 μm。点纹圆形，从壳面到壳套都有点纹分布，点条纹平行排列，10 μm 有 29～30 条。拟壳缝不明显，壳端具顶孔区，靠近顶孔区处有一唇形突。内壳面具明显横向肋，位于点条纹之间。李朗（2019）记载壳面长 6.8～39.8 μm，宽 2.6～3.9 μm；点条纹 10 μm 有 34～38 条。

生态：海水生活。

分布：样品采自福建漳州漳浦六鳌沙滩、东山金銮湾沙滩。该种也常见于大型海藻上，中国东海、黄海、山东等地也有分布；波多黎各有记载。

单壳缝硅藻 Monoraphid diatoms

曲壳藻目Achnanthales Silva

曲壳藻科 Achnanthaceae Kützing

曲壳藻属 *Achnanthes* J.B.M. Bory de St. -Vincent

模式种：*A. adnata* Bory

短柄曲壳藻 *Achnanthes brevipes* Agardh（图版 12：1，2）

Agardh 1824, p. 1; Cleve 1895, p. 193; Jin et al. (金德祥等) 1982, p. 196, figs 603-604.

壳面舟形，两侧缢缩。壳面长 25～26 μm，宽 6～9 μm。壳缝面点纹圆形；

点条纹由单排点纹组成，略微放射状排列，10 μm 有 10 ～ 12 条。壳面中部具十字形中节。金德祥等（1982）记载壳面长 32 ～ 55 μm，宽 10 ～ 18 μm；点条纹 10 μm 有 7 ～ 10 条；无壳缝面点条纹平行，拟壳缝偏心；有壳缝面点条纹略放射状排列。

生态：海水生活。

分布：样品采自福建漳州南太武沙滩。福建平潭、厦门、台湾等地也有分布；欧洲沿岸、北美大西洋沿岸等地均有记载。

短柄曲壳藻变窄变种 *Achnanthes brevipes* var. *angustata* Cleve（图版 12：3-5）

Cleve-Euler 1953, p. 50, fig. 596 h; Hendey 1958, p. 55, figs 6: 8-10; Cheng et al. (程兆第等) 2012, p. 92, figs 268-270.

壳面棍形，两侧平行，壳端钝圆。壳面长 66 ～ 96 μm，宽 12 ～ 17 μm。无壳缝面点纹圆形；点条纹由单排点纹组成，平行排列，拟壳缝偏心；壳缝面点条纹圆形；点条纹由单排点纹组成，略微放射状排列；点条纹 10 μm 有 6 ～ 8 条。壳缝面外壳面中央壳缝稍微膨大，端壳缝同侧弯曲，可达壳套；中轴区窄，壳面中部具十字形中节，向两侧扩大，可达壳缘。金德祥等（1982）记载壳面长 16 ～ 74 μm，宽 4 ～ 12 μm；点条纹 10 μm 有 10 条。

生态：海水生活。

分布：样品采自福建漳州南太武沙滩。福建三都湾、平潭、台湾等地也有分布；斯里兰卡、西非沿岸、美国加利福尼亚州等地均有记载。

卵形曲壳藻 *Achnanthes cocconeioides* Riznyk（图版 12：6-8）

Riznyk 1973, p. 114-115, figs I: 8-9, 18: 1-2; McIntire & Reimer 1974, p. 172, figs II: 7a-b, IV: 2a-b.

壳面椭圆形，中部较宽，壳端钝圆。壳面长 19 ～ 24 μm，宽 8 ～ 10 μm。无壳缝面点纹大，点条纹由单排点纹组成，10 μm 有 9 ～ 10 条；拟壳缝位于壳面中部，中等大小，在壳面中央较宽，朝壳两端变窄；壳缘凹陷，低于壳面，有一圈点纹排列。壳缝面凹陷，点纹大小不一，近壳端孔纹较小，点条纹由单排点纹组成，10 μm 有 11 条，放射状排列；壳缝位于壳面中部，直，外壳面中央壳缝凹陷，端壳缝同侧弯曲至壳套，内壳缝简单，直，端壳缝具一喇叭舌。壳面中轴区中等大小，壳面中部具中节，未达壳缘；壳缘凹陷，低于壳面，有一圈孔纹排列。

生态：海水生活。

分布：该种为中国新记录种，样品采自福建漳州南太武沙滩。美国俄勒冈州、韩国等地均有记载。

柔弱曲壳藻 *Achnanthes delicatissima* Simonson（图版 12：9-12）

Riaux-Gobin et al. 2012, p. 22, figs 21-27.

壳面椭圆形或长椭圆形，壳端钝圆。壳面长 8.5 ～ 15.0 μm，宽 3.5 ～ 4.8 μm。点纹线形；无壳缝面仅在壳缘有两列点条纹，壳面其余部分为无纹区，点条纹 10 μm 有 34 ～ 42 条；壳缝面在壳缘和壳缝两侧分别有两列点条纹，壳面其余部分点条纹不明显，点条纹在壳面中部平行，壳端放射状排列，10 μm 有 42 ～ 47 条。壳缝直，外壳面中央壳缝稍微膨大，端壳缝同侧弯曲。中轴区窄，中心区向两侧扩大成椭圆形。壳环带光滑。Riaux-Gobin 等（2012）记载壳面长 8.9 ～ 9.8 μm，宽 4.5 ～ 5.0 μm；无壳缝面点条纹 10 μm 有 35.5 条，壳缝面点条纹 10 μm 有 32.6 条。

生态：海水生活。

分布：该种为中国新记录种，样品采自福建平潭龙凤头沙滩、泉州崇武西沙湾沙滩。德国有记载。

科威特曲壳藻 *Achnanthes kuwaitensis* Hendey（图版 13：1，2）

Hendey 1958, p. 55, figs 6: 8-10; Van Landingham 1967, p. 73; McIntire & Reimer 1974, p. 173, figs II: 6a-c, III: 4a-b.

同种异名：*Achnanthidium kuwaitensis* (Hendey) Van Landingham 1967

壳面棍形，中部稍微缢缩，壳端钝圆形。壳面长 26 ～ 30 μm，宽 5 ～ 6 μm。点纹大。无壳缝面点条纹由单排点纹组成，10 μm 有 10 ～ 11 条；拟壳缝偏心；壳端同一侧均有一较大点纹。壳缝面点条纹由单排点纹组成，10 μm 内有 9 ～ 11 条；壳缝位于壳面中部，内壳面壳缝直，中央壳缝同侧弯曲；中轴区中等大小，壳面中部具中节，直达壳缘。Hendey（1958）记载壳面长 38 ～ 70 μm，宽 7 ～ 8 μm，点条纹 10 μm 有 10 条。Lee 等（2013）报道细胞环面观略呈膝状弯曲，无壳缝面呈凸状，壳缝面呈凹状。赵龙等（2107）报道无壳缝面的内壳面在拟壳缝两侧均具有明显肋纹，10 μm 有 10 ～ 11 条。

生态：海水生活。

分布：样品采自福建厦门海韵台沙滩、漳州南太武沙滩。美国俄勒冈州、韩国等地均有记载。

长柄曲壳藻 *Achnanthes longipes* Agardh（图版 13：3）

Van Heurck 1896, p. 279, fig. 8: 323; Jin et al.（金德祥等）1982, p. 196, figs 601-602.

壳面长椭圆形，长 58 μm，宽 16 μm。壳缝面具十字形中节，肋纹 10 μm 有 6 条，肋间有 2 ～ 3 排的点条纹，相间或相对排列，10 μm 有 12 条。金德祥等（1982）记载壳面长 50 ～ 109 μm，宽 17 ～ 22 μm；肋纹 10 μm 有 6 ～ 7 条，点条纹 10 μm 有 8 ～ 9 条；无壳缝面无中节。

生态：海水生活。

分布：样品采自福建漳州南太武沙滩。福建厦门、台湾等地也有分布；欧洲沿海和北美大西洋沿岸等地均有记载。

粗曲壳藻 *Achnanthes trachyderma* (F. Meister) Riaux-Gobin, Compère, Hinz et Ector（图版 13：4）

Meister 1935, p. 99, figs 63, 64; Riaux-Gobin et al. 2015, p. 108, figs 19, 20, 27-29.

基本异名：*Cocconeis trachyderma* Meister

壳面椭圆形，壳端延长成头状。壳面长 25 μm，宽 12 ~ 12.5 μm。无壳缝面条纹为长室孔，内有分隔，在壳面中部平行排列，壳端稍微放射状，条纹 10 μm 有 13 条，拟壳缝窄，由壳面中部向壳端逐渐变窄。Riaux-Gobin 等（2015）记载壳面长 29 ~ 32 μm，宽 14 ~ 15 μm。无壳缝面点条纹 10 μm 有 11.5 条。壳缝面点纹圆形或不规则，壳面两侧和壳端为线形点纹，点条纹放射状排列，10 μm 有 25.5 条。壳缝直，中央壳缝略微膨大，端壳缝稍微弯曲。壳面中轴区窄，中心区横向扩大，未达壳缘。

该种与柠檬曲壳藻相似，但是柠檬曲壳藻无壳缝面点条纹 10 μm 有 6.5 条，与该种明显不同。

生态：海水生活。

分布：该种为中国新记录种，样品采自福建泉州崇武西沙湾沙滩。南太平洋有记载。

长曲壳藻科 Achnanthidiaceae D.G. Mann

长曲壳藻属 *Achnanthidium* Kützing

模式种：*A. microcephalum* Kützing

长曲壳藻未定种 1 *Achnanthidium* sp. 1（图版 13：5，6）

壳面椭圆形或近圆形。壳面长 4.0 ~ 4.6 μm，宽 3.0 ~ 3.5 μm。点纹有圆形和线形两种；无壳缝面只有两列线形点纹，靠近壳缘，壳面其余部分为无纹区，点条纹 10 μm 有 51 条；壳缝面除了靠近壳缘的两列线形点纹，在壳缝两侧还有两列点纹，壳面其余部分不规则分布着一些点纹，点条纹放射状排列，10 μm 有 61 条。壳缝直，外壳面中央壳缝稍微膨大，端壳缝同侧弯曲。中轴区窄。

生态：海水、半咸水生活。

分布：样品采自福建宁德大京沙滩。

长曲壳藻未定种 2 *Achnanthidium* sp. 2（图版 13：7，8）

壳面椭圆形或宽椭圆形，壳端略微延长，钝圆。壳面长 8 ~ 9 μm，宽 4 ~ 4.8 μm。

点纹有圆形和线形两种；无壳缝面只有两列线形点纹，靠近壳缘，壳面其余部分为无纹区，点条纹 10 μm 有 31 ～ 36 条；壳缝面除了靠近壳缘的两列线形点纹，在壳缝两侧还有两列点纹，壳面其余部分不规则分布着一些点纹，点条纹放射状排列，10 μm 有 53 条。壳缝直，外壳面中央壳缝稍微膨大，端壳缝同侧弯曲。中轴区窄。

　　生态：海水、半咸水生活。

　　分布：样品采自福建宁德大京沙滩、平潭龙凤头沙滩、泉州崇武西沙湾沙滩。

斑点藻属 *Astartiella* Witkowski, Lange-Bertalot et Metzeltin

长斑点藻 *Astartiella producta* Witkowski, Lange-Bertalot et Metzeltin（图版 13：9）

Witkowski et al. 2000, p.101, figs 54: 1-4.

　　壳面披针形，壳端钝圆，鸭嘴状。壳面长 23.0 μm，宽 7.5 μm。上下壳面特征不同。无壳缝面条纹为长室孔，由许多短线纹组成，条纹几乎平行排列，有时略呈放射状，10 μm 有 35 条，中轴区窄，线形。Witkowski 等（2000）记载该种长18.5 ～ 23.0 μm，宽 6.0 ～ 6.5 μm；无壳缝面点条纹 10 μm 有 27 条，壳缝面点条纹10 μm 有 24 ～ 27 条；壳缝面壳缝直，壳面中心区小，不对称，具一圆点。

　　生态：海水生活。

　　分布：该种为中国新记录种，样品采自福建平潭龙凤头沙滩。格陵兰岛东部海区有记载。

具点斑点藻 *Astartiella punctifera* (Hustedt) Witkowski, Lange-Bertalot et Metzeltin（图版 13：10，11）

Hustedt 1955, p. 18, figs 5: 26-28; Simonsen 1987, p. 407, figs 609: 8-15; Cheng et al. (程兆第等) 1993, p. 66, fig. 30: 254; Witkowski, Lange-Bertalot & Metzeltin, 2000, p.100, figs 52: 11-19; Cheng et al. (程兆第等) 2012, p. 101, figs 22: 316, 317, 34: 442; Riaux-Gobin et al. 2013, p. 419, figs 7-9, 30-37; Sun (孙琳) 2013, p. 181, figs 644-645.

基本异名：*Achnanthes punctifera* Hustedt

　　壳面宽线形至椭圆形，壳端钝圆。壳面长 13 ～ 15 μm，宽 4.5 ～ 5.5 μm。上下壳面特征差异大。无壳缝面条纹为长室孔，由许多短线纹组成，条纹几乎平行排列，有时略呈放射状，近壳端放射状，10 μm 有 35 ～ 40 条，中轴区窄。壳缝面点条纹轻微放射状，近壳缘处具短的室孔，10 μm 有 33 ～ 35 条；壳缝直，中央壳缝略微膨大，端壳缝同侧弯曲；中心区不对称，内有一个孤立的圆点。Witkowski等（1998）记载壳面长 18 ～ 27 μm，宽 6 ～ 7 μm；无壳缝面点条纹 10 μm 有 28 条，壳缝面点条纹 10 μm 有 25 ～ 28 条。Riaux-Gobin 等（2013）记载壳面长 11 ～24 μm，宽 4.4 ～ 6.9 μm；无壳缝面点条纹 10 μm 有 28 ～ 39 条，壳缝面点条纹

10 μm 有 28 ～ 34 条。该种与 *A. bremeyeri* (Hustedt) Witkowski, Lange- Bertalot & Metzeltin 相似，但后者壳缝面无中心区，点条纹近平行排列，而该种壳缝面中心区较大，点条纹放射状排列。

　　生态：海水、半咸水生活。

　　分布：样品采自福建漳州东山金銮湾沙滩。福建厦门、北部湾等地也有分布；美国北卡罗来纳州、南非森迪斯等地均有记载。

卡氏藻属 *Karayevia* Round et Bukhtiyarova

　　模式种：*K. clevei* (Grun.) Round et Bukhtiyarova

美丽卡氏藻 *Karayevia amoena* (Hustedt) Bukhtiyarova（图版 14：1）

Hustedt 1952, p. 386, figs 66, 67; Simonsen 1987, p. 385, figs 583: 21-24; Krammer & Lange-Bertalot 1991, p. 44, figs 26: 7-23; Cheng et al. (程兆第等) 1993, p. 64, figs 235-240; Cheng et al. (程兆第等) 2012, p. 89, figs 428-433; Sun (孙琳) 2013, p. 176, figs 625-627; Zhao (赵龙) 2016, p. 84, figs 207-211.

基本异名：*Achnanthes amoena* Hustedt

同种异名：*Achnanthes orientalis* Hustedt; *Achnanthes triconfusa* Van Landingham

　　壳面宽棍形，两侧略微膨大，壳端缢缩成头状，长 7.5 ～ 11.0 μm，宽 2.9 ～ 4.0 μm。由长室孔组成横条纹，呈略微放射状。无壳缝面横条纹在壳面中部间断成 1 条无纹的纵线，壳端横条纹无间断，10 μm 有 23 条。壳缝面横条纹连续或间断，壳端横条纹无间断，10 μm 有 33 ～ 34 条，比无壳缝面密，壳缝同侧弯曲。上下壳壳面中轴区在中部最宽，向壳两端逐渐变窄。壳环带无点纹。Witkowski 等（2000）记载壳面长 6 ～ 15 μm，宽 3 ～ 5 μm；无壳缝面点条纹 10 μm 有 18 ～ 22 条，壳缝面点条纹 10 μm 有 22 ～ 26 条。

　　生态：海水、半咸水生活。

　　分布：样品采自福建厦门黄厝湾沙滩、漳州东山金銮湾沙滩。福建其他海域、北部湾、香港等地均有分布；波罗的海、土耳其博斯普鲁斯海峡等地均有记载。

马丁藻属 *Madinithidium* Witkowski, Desrosiers et Riaux-Gobin

　　模式种：*M. undulatum* Desrosiers et Witkowski

　　该属为中国新记录属。壳面椭圆形到长椭圆形，壳端钝圆或具头状。硅质壳具壳缝面和无壳缝面。两个壳面的条纹均为长室孔，平行排列，长室孔具穿孔的覆盖膜。壳缝直，端壳缝同侧弯曲。拟壳缝窄线形或披针形。壳环带多个，无点纹。

阶梯马丁藻 *Madinithidium scalariforme* (Riaux-Gobin, Compère et Witkowski) Witkowski, Riaux-Gobin et Desrosiers（图版 14：2）

Desrosiers et al. 2014, p. 588; Riaux-Gobin et al. 2010, p. 170, figs 48-53.

　　壳面长椭圆形，壳端圆。条纹由长室孔组成，无壳缝面点条纹平行排列，壳端略微放射状；条纹 10 μm 有 21～29 条；拟壳缝窄，从壳面中部向壳端轻微变窄；壳缝面条纹比无壳缝面明显放射状，中轴区窄，内壳面端壳缝简单，没有喇叭舌。Riaux-Gobin 等（2010）记载壳面长 5.5～12 μm，宽 3～3.5 μm；无壳缝面条纹 10 μm 有 28～31 条，壳缝面条纹 10 μm 有 28.5～33 条；壳缝直，外壳面中央壳缝稍微扩大，端壳缝同侧弯曲；具多条窄壳环带。

　　生态：海水生活。

　　分布：该种为中国新记录种，样品采自福建莆田湄洲湾沙滩、泉州崇武西沙湾沙滩。加勒比海，大西洋西部，印度洋东西部，太平洋南部，欧洲黑海、亚得里亚海等地均有记载。

平面藻属 *Planothidium* Round et Bukhtiyarova

　　模式种：*P. lanceolatum* (Bréb.) Round et Bukhtiyarova

坎佩切平面藻 *Planothidium campechianum* (Hustedt) Witkowski et Lange-Bertalot（图版 14: 3-5）

Witkowski et al. 2000, p.118, figs 48: 3-9; Lobban et al. 2012, p. 285, fig. 39: 4.

基本异名：*Achnanthes campechianum* Hustedt

　　壳面椭圆形，壳端延长成头状。壳面长 11～13 μm，宽 4～5 μm。无壳缝面点纹圆形，点条纹由多排点纹组成，略放射状排列，10 μm 有 17～18 条。壳面中部有一条点条纹较短。拟壳缝略宽，从壳面中部向两端逐渐变窄。壳缝面点纹圆形，点条纹由多排点纹组成，略放射状排列，10 μm 有 17～18 条。壳缝直，外壳面中央壳缝膨大，端壳缝同侧弯曲。壳面中轴区窄，中心区不对称。Lobban 等（2012）记载壳面长 10～12 μm，宽 4～5 μm；点条纹 10 μm 有 17～18 条。

　　生态：海水、半咸水生活。

　　分布：样品采自福建宁德大京沙滩、平潭龙凤头沙滩、厦门海韵台沙滩、漳州东山金銮湾沙滩。墨西哥湾、斐济等地均有记载。

细弱平面藻 *Planothidium delicatulum* (Kützing) Round et Buktiyarova（图版 14: 6）

Hustedt 1931-1959, p. 389, fig. 836; Round et Buktiyarova 1996, p. 353; Witkowski et al. 2000, p. 118, figs 46: 28, 29, 48: 1-2.

基本异名：*Achnanthidium delicatulum* Kützing

同种异名：*Achnanthidium delicatula* (Kützing) Grunow ssp. *delicatula* Lange-Bertalot

　　壳面宽椭圆形，壳端延长成头状。壳面长 7～9.5 μm，宽 5.5～6.0 μm。点纹圆形，点条纹由多排点纹组成，略放射状排列，点条纹 10 μm 有 14～15 条。无壳缝面点条纹略放射状排列，拟壳缝宽，从壳面中部向两端变窄。壳缝面壳缝直，外壳面中央壳缝位于凹陷处，端壳缝同侧弯曲。中轴区窄，中心区较大。Witkowski 等（2000）记载壳面长 7 ～ 20 μm，宽 4 ～ 8 μm；无壳缝面点条纹 10 μm 有 14 ～ 16 条；壳缝面点条纹 10 μm 有 15 条。

生态：海水、半咸水生活。

分布：样品采自福建宁德大京沙滩、漳州东山金銮湾沙滩。浙江等地有分布；德国等地有记载。

豪克平面藻 *Planothidium hauckianum* (Grunow) Bukhtiyarova（图版 14: 7-10）

Jin et al. (金德祥等) 1992, p. 213, figs 114: 1458-1461; Cheng et al. (程兆第等) 1993, p. 66, figs 30: 251-253; Witkowski et al. 2000, p. 120, figs 48: 39-41; Zhao (赵龙) 2016, p. 89, figs 28: 231, 232; Li (李朗) 2019, p. 105, figs 47: J-L.

基本异名：*Achnanthes hauckiana* Grunow

同种异名：*Microneis hauckiana* (Grunow) Cleve; *Achnanthidium hauckianum* (Grunow) Czarnecki; *Achnantheiopsis hauckiana* (Grunow) Lange-Bertalot

　　壳面宽椭圆形至披针形，壳端钝圆至宽圆。壳面长 10 ～ 15 μm，宽 5 ～ 6 μm。无壳缝面点纹小，圆形；点条纹由多排点纹组成，壳中部平行排列，壳端放射状排列，点条纹 10 μm 有 11 ～ 12 条。拟壳缝披针形，在壳面中部宽，逐渐向壳端变窄。壳缝面点纹小，圆形；点条纹由多排点纹组成，壳中部平行排列，壳端放射状排列，点条纹 10 μm 有 14 ～ 15 条；壳缝直，外壳面中央壳缝位于凹陷处，端壳缝同侧弯曲，内壳面壳缝中央直，端壳缝具不明显喇叭舌。程兆第等（1993）记载壳面长 8 ～ 15 μm，宽 5 ～ 6.5 μm。无壳缝面点条纹 10 μm 有 11 ～ 12 条，壳缝面点条纹 10 μm 有 12 条。

生态：海水、半咸水生活。

分布：样品采自福建宁德大京沙滩、平潭龙凤头沙滩、泉州崇武西沙湾沙滩、漳州漳浦六鳌沙滩、东山金銮湾沙滩。该种分布广泛，我国长江口、山东、广西、香港、海南等地也有分布；智利、加拿大、大洋洲等地均有记载。

马氏平面藻 *Planothidium mathurinense* Riaux-Gobin et Al-Handal（图版 14: 11;
图版 15: 1-3）

Riaux-Gobin et al. 2011, p. 37, figs 6: 12-14, 18-19, 75: 1-7, 76: 1-6.

　　壳面椭圆形，壳端钝圆。壳面长 5.4 μm，宽 3.3 μm。点纹圆形，点条纹由多排点纹组成。无壳缝面点条纹放射状排列，10 μm 有 13 ～ 14 条。拟壳缝宽，从壳面中部向两端变窄；壳面中心区不对称，一侧具无纹区。壳缝面点条纹放射状排列，10 μm 有 13 ～ 14 条；壳缝直，外壳面中央壳缝稍微同侧弯曲，端壳缝同侧弯曲；内壳缝端壳缝具不明显喇叭舌。壳面中轴区窄，中心区向两侧扩大，长方形或不规则形。该种与 *P. lanceolatum* Brébisson ex Kützing 相似，无壳缝面都有一个无纹区，但后者内壳面具马蹄形，该种无。该种与 *P. minutissimum* (Krasske) Morales 在无壳缝面均有一个无纹区，但两种壳面形状不同。Riaux-Gobin 等（2011）记载壳面长 4.4～8.2 μm，宽 3.0～4.6 μm；无壳缝面点条纹 10 μm 有 16～19 条；壳缝面点条纹 10 μm 有 17～23 条。

　　生态：海水生活。

　　分布：该种为中国新记录种，样品采自福建厦门海韵台沙滩、漳州漳浦东山金銮湾沙滩。西印度洋有记载。

罗德平面藻 *Planothidium rodriguense* Riaux-Gobin et Compère（图版 15：4-6）

Riaux-Gobin et al. 2011, p. 37, figs 6: 20, 77: 1-7, 78: 1-7.

　　壳面宽椭圆形，壳端钝圆。壳面长 8.2～13.9 μm，宽 4.6～5.1 μm。无壳缝面点纹圆形，小；点条纹由双排点纹组成，放射状排列，10 μm 有 27～28 条。拟壳缝披针形，从壳面中部向两端变窄。壳缝面点纹圆形，小；点条纹由双排点纹组成，放射状排列，10 μm 有 29 条。壳缝直，外壳面中央壳缝膨大，端壳缝同侧弯曲；壳面中轴区窄，中心区小。Riaux-Gobin 等（2011）记载壳面长 6.5～14.0 μm，宽 3～7 μm；无壳缝面点条纹 10 μm 有 18～24 条；壳缝面点条纹 10 μm 有 21～36 条。

　　生态：海水生活。

　　分布：该种为中国新记录种，样品采自福建平潭龙凤头沙滩、漳州六鳌沙滩。西印度洋有记载。

平面藻未定种 1 *Planothidium* sp. 1（图版 15：7）

　　壳面长椭圆形，壳端钝圆。壳面长 13.8 μm，宽 5.8 μm。点纹小，圆形，点条纹由双排点纹组成，放射状排列，10 μm 有 26 条。壳缝直，壳面中轴区窄，中心区小。

　　生态：海水、半咸水生活。

　　分布：样品采自福建福州长乐沙滩。

拟曲壳藻属 *Pseudachnanthidium* Riaux-Gobin

　　模式种：*P. megapteropsis* Riaux-Gobin et Witkowski

　　该属为中国新记录属。壳环面长方形，条纹为长室孔，单排，无壳缝面有残留的壳缝；壳缝面外壳面中央壳缝稍微弯曲，端壳缝同侧弯曲。

拟曲壳藻未定种 1 *Pseudachnanthidium* sp. 1（图版 15：8）

　　壳面椭圆形，壳端钝圆。壳面长 8.7 μm，宽 3.9 μm。无壳缝面条纹为长室孔，在壳面中部平行排列，壳端呈放射状排列，10 μm 有 31 条。拟壳缝窄，在壳面中部残留有短的壳缝。该种与模式种 *Pseudachnanthidium megapteropsis* 相比，壳面中部膨大明显，点条纹密度较稀，后者无壳缝面点条纹 10 μm 有 60 ～ 80 条。

生态：海水、半咸水生活。

分布：样品采自福建宁德大京沙滩。

裂节藻属 *Schizostauron* Grunow

该属为中国新记录属。壳面宽披针形、椭圆形或长椭圆形，壳端钝圆或延长成鸭嘴状；硅质壳具壳缝面和无壳缝面。无壳缝面条纹为长室孔，平行排列，长室孔内具肋条分隔，拟壳缝线形或披针形；壳缝面点纹圆形或线形，在壳端通常为长室孔，壳缝直，端壳缝同侧弯曲，中轴区窄，中心区具中节，横向扩大，通常未达壳缘。

沙裂节藻 *Schizostauron arenaria* Chen, Gao et Zhuo, sp. nov. (图版 16：1-11)

壳面长椭圆形，壳端延长成喙状。壳面长 20 ～ 27 μm，宽 9 ～ 12 μm。无壳缝面条纹为长室孔，内有分隔，条纹 10 μm 有 13 ～ 16 条，拟壳缝窄，由壳面中部向壳端略微变窄；壳缝面点纹线形，壳端较长，点条纹放射状排列，10 μm 有 36 条，壳面中央点条纹较稀。壳缝直，简单，端壳缝同侧弯曲，可达壳套。壳面中轴区窄，中心区向两侧扩大成圆形或不规则形；内壳面壳缝简单，壳面中心区具硅质加厚，向两侧放射状延长。

生态：海水生活。

分布：样品采自福建泉州崇武西沙湾沙滩。

模式标本：图版 16：9，模式标本号 N202006，同模式标本号 NI202006，厦门大学生命科学学院，中国，采集人卓素卿。

睫毛裂节藻 *Schizostauron fimbriatum* Grunow (图版 15：9，10)

Navarro 1982, p. 27, figs 7-8.

同种异名：*Achnanthes manifera* Brun

壳面长椭圆形，壳端延长成喙状。壳面长 28 ～ 30 μm，宽 11 ～ 12 μm。无壳缝面条纹为长室孔，内有分隔，条纹 10 μm 有 15 条，拟壳缝窄，由壳面中部向壳端逐渐变窄；壳缝面点纹圆形或不规则，壳面两侧和壳端为线形点纹，点条纹放射状排列，10 μm 有 25 ～ 26 条。壳缝直，中央壳缝略微膨大，端壳缝同侧弯曲。Navarro（1982）记载壳面长 26 ～ 34 μm，宽 10 ～ 12 μm。无壳缝面点条纹 10 μm 有 12 条，壳缝面点条纹 10 μm 有 22 条。

生态：海水、半咸水生活。

分布：该种为中国新记录种，样品采自福建宁德大京沙滩。美国佛罗里达等地有分布。

沙卵藻属 *Amphicocconeis* De Stefano et Marino

模式种：*Amphicocconeis disculoides* (Hustedt) De Stefano et Marino

矛盾沙卵藻 *Amphicocconeis discrepans* (A.W.F. Schmidt) Riaux-Gobin, Witkowski, Ector et Igersheim（图版 17：1）

Schmidt et al. 1874-1959, figs 193: 26-28; Riaux-Gobin 2018, p. 576, figs 9-22.

基本异名：*Cocconeis discrepans* Schmidt

　　壳面长椭圆形，壳端尖圆。壳面长 18.6 μm，宽 6.8 μm。无壳缝面点纹线形，平行排列，壳端放射状排列，点条纹 10 μm 有 22 条。拟壳缝窄。Riaux-Gobin 等（2018）记载壳面长 12 ～ 23 μm，宽 4 ～ 8 μm；无壳缝面点条纹 10 μm 有 15 ～ 25 条。

　　生态：海水生活。

　　分布：样品采自福建泉州崇武西沙湾沙滩。浙江也有分布；克罗地亚有记载。

卵形藻科 Cocconeidaceae Kützing

偏缝藻属 *Anorthoneis* Grunow

模式种：*A. excentrica* (Donkin) Grunow

阔口偏缝藻 *Anorthoneis eurystoma* Cleve（图版 17：2）

Hustedt 1955, p. 15, figs 2:7, 5: 16-17; Witkowski et al. 2000, p. 97, figs 4-8; Pennesietal et al. 2018, p. 214, figs 35-48.

　　壳面近圆形，长 28 μm，宽 23 μm。无壳缝面点纹小，圆形，点条纹放射状排列，10 μm 有 10 ～ 12 条。壳面中部具一个椭圆形的无纹区，拟壳缝窄，直达壳缘。Pennesietal 等（2018）记载壳面长 30 ～ 35 μm，宽 23 ～ 28 μm；无壳缝面点条纹 10 μm 有 11 ～ 13 条；壳缝面点条纹 10 μm 有 17 ～ 19 条。

　　生态：海水生活。

　　分布：该种为中国新记录种，样品采自福建平潭龙凤头沙滩。美国北卡罗纳有分布。

涡旋偏缝藻 *Anorthoneis vortex* Sterrenburg（图版 17：3-5）

Sterrenburg 1987, p. 15, fig. 4; Sterrenburg 1988, p. 375, figs 1: 5, 7, figs 2: 8-15, figs 5: 30-35; Hein 1991, figs 22-24, 25-28; Witkowski et al. 2000, pl. 42, figs 23-25.

　　壳面宽椭圆形至近圆形，长 14 ～ 16 μm，宽 11 ～ 12 μm；无壳缝面点纹小而圆，10 μm 有 22 ～ 24 个，点纹外部被小的、放射状分布的掌状膜覆盖，壳缘处孔纹小，单个或双排；点条纹由单排点纹组成，放射状排列，10 μm 有 20 ～ 22 条，拟壳缝偏心，窄，未达壳端；壳中央具不规则无纹区，不对称，较大的无纹区上有退化的无孔点纹。

壳缝面点条纹由单排点纹组成，壳缘有 1～3 列点纹，点条纹 10 μm 有 22～24 条；壳缝直，中央壳缝和端壳缝均膨大，端壳缝位于无纹区内；中轴区窄，中央具无纹区，两侧扩大，不对称；内壳面中央壳缝反方向弯曲，端壳缝具不明显的喇叭舌。与其他种类相比，该种壳面较小，上下壳面均有一个明显的中央无纹区，在壳面上每个点条纹的末端均有 1～3 个小点纹。

生态：海水生活。

分布：该种为中国新记录种，样品采自福建泉州崇武西沙湾、漳州东山金銮湾沙滩。欧洲北海、澳大利亚昆士兰、萨摩亚等地均有记载。

卵形藻属 *Cocconeis* C.G. Ehrenberg

模式种：*C. scutellum* Ehrenberg

杯形卵形藻 *Cocconeis cupulifera* Riaux-Gobin, Romero, Compère et Ai-Handal（图版 17：6）

Riaux-Gobin et al. 2011, p. 24, figs 37: 1-5, 38: 1-6.

壳面卵圆形，壳端宽圆。壳面长 7.1 μm，宽 5.3 μm；无壳缝面点纹圆形；点条纹由单排点纹组成，放射状排列，10 μm 有 22 条；壳面中央具宽椭圆形的无纹区。Riaux-Gobin 等（2011）记载壳面长 6.2～8.4 μm，宽 4～5 μm；无壳缝面点条纹 10 μm 有 13～20 条；壳缝面点条纹 10 μm 有 49 条。

生态：海水、半咸水生活。

分布：该种为中国新记录种，样品采自福建宁德大京沙滩。西印度洋有记载。

马斯克林卵形藻 *Cocconeis mascarenica* Riaux-Gobin et Compère（图版 17：7-9）

Riaux-Gobin & Compère 2008, p. 129, figs 33-40, 48-51.

壳面椭圆形至宽椭圆形。壳面长 8.5～9.1 μm，宽 4.5～5.3 μm。无壳缝面点纹线形，放射状排列，点条纹 10 μm 有 30～31 条。拟壳缝中等大小。壳缝面点纹圆形，放射状排列，壳面中央部分点纹不规则排列，具无纹区，点条纹 10 μm 有 36 条。壳缝直，外壳面中央壳缝和端壳缝扩大成点状，内壳面中央壳缝稍微弯曲，端壳缝喇叭舌不明显。壳环带在壳端一侧不连续。

生态：海水、半咸水生活。

分布：该种为中国新记录种，样品采自福建宁德大京沙滩、莆田湄洲湾沙滩、泉州崇武西沙湾沙滩。留尼汪岛（法属）有记载。

皮状卵形藻 *Cocconeis peltoides* Hustedt（图版 18：1）

Hustedt 1939, p. 606, figs 23-37; Simonsen 1987, p. 253, figs 376: 1-10; Sar et al. 2003, p. 79, figs 34-41; Riaux-Gobin et al 2011, p. 325, figs 7-22.

　　壳面椭圆形，长 17 μm，宽 11 μm，无壳缝面中部凹陷。无壳缝面点纹小，圆形，点纹 10 μm 有 30 个；点条纹由单排点纹组成，在壳面中部平行排列，壳端放射状排列，点条纹 10 μm 有 15 条。拟壳缝窄，从中部逐渐向壳端变窄。壳面具 2 条纵线，把壳面分为 3 个部分；壳面点条纹之间也有肋纹分隔。Riaux-Gobin 等（2011）记载壳面长 9 ～ 22 μm，宽 5.4 ～ 16.0 μm；无壳缝面点条纹 10 μm 有 12 ～ 16.3 个，壳缝面点条纹 10 μm 有 41 ～ 57 个。

　　生态：海水生活。

　　分布：样品采自福建莆田湄洲湾沙滩。广西有分布；欧洲北海、波罗的海和大西洋西南沿岸等地均有记载。

盾卵形藻小形变种 *Cocconeis scutellum* var. *parva* Grunow（图版 18：2，3）

Van Heurck 1881, p. 29, figs 8-9; Schmidt et al. 1874-1959, fig. 190: 22; Cleve 1895, p.170; Hustedt 1959, p. 338, fig. 791; Jin et al. (金德祥等) 1982, p. 188, figs 51: 562, 563; 1992, p. 201, fig. 112: 1411; Cheng et al. (程兆第等) 1993, p. 64, fig. 29: 234; Cheng et al. (程兆第等) 2012, p. 84, figs 18: 244, 24: 353, 31: 418, 419.

同种异名：*Cocconeis scutellum* var. *varians* Lin et Chin

　　壳面椭圆形或菱椭圆形，长 16.0 ～ 17.5 μm，宽 8.5 ～ 9.0 μm。点纹圆形，无壳缝面点条纹平行至略微放射状排列，10 μm 有 13 ～ 14 条，壳面边缘区由 2 行较小的点纹组成。拟壳缝窄。程兆第等（1993）记载壳面长 15.8 μm，宽 8.8 μm；无壳缝面点条纹 10 μm 有 12 条。

　　生态：海水生活。

　　分布：样品采自福建漳州南太武沙滩。我国大连、青岛、连云港、乐清、泗礁岛、连江和东山等地也有分布；澳大利亚，新西兰，坦桑尼亚，南非，欧洲亚得里亚海、北海沿岸、波罗的海等地均有记载。

独立卵形藻 *Cocconeis sovereignii* Hustedt（图版 18：4-6）

Riaux-Gobin et al. 2011, p. 36, figs 71: 1-6, 72: 1-4.

　　壳面宽卵圆形，壳端宽圆。壳面长 10 ～ 12 μm，宽 6.0 ～ 9.9 μm。无壳缝面纵向凹陷，点纹圆形，点条纹放射状排列，10 μm 有 34 ～ 35 条。拟壳缝线披针形，在壳面中部向两侧扩大。壳面上分布着许多小颗粒，在壳面中部较少。壳缝面有两种点纹，壳面中间点纹圆形，小，壳缘点纹为长室孔；点条纹放射状排列，10 μm 有 35 条。内壳面中央壳缝反向弯曲，中轴区窄，中心区椭圆形。Riaux-Gobin 等（2011）记载壳面长 10.9 ～ 15.6 μm，宽 6.3 ～ 11.1 μm；壳缝面点条纹 10 μm 有 24.4 ～ 29.3 条。该种无壳缝面与 *Cocconeis pseudograta* Hustedt 相似，但是点条纹差异大，Romero 和 Riaux-Gibon（2014）记载后者无壳缝面点条纹 10 μm 有 14 ～ 16 条。

生态：海水、半咸水生活。

分布：该种为中国新记录种，样品采自福建宁德大京沙滩、漳州漳浦六鳌沙滩。西印度洋有记载。

细弱卵形藻 *Cocconeis subtilissima* Meister（图版 18：7）

Meister 1934, p. 99, figs 7: 61-62; Suzuki et al. 2008, p. 269, figs 1-40.

壳面椭圆形，壳端宽圆。壳面长 20.0 μm，宽 12.9 μm；壳缝面点纹圆形；点条纹由单排点纹组成，放射状排列，10 μm 有 35 条。壳缝 S 形，内壳面中央壳缝反向弯曲，端壳缝喇叭舌明显。Suzuki 等（2008）记载壳面长 14.0 ～ 45.0 μm，宽 8.5 ～ 39.0 μm；无壳缝面点条纹 10 μm 有 28 ～ 30 条，壳缝面点条纹 10 μm 有 26 ～ 28 条。

生态：海水生活。

分布：该种为中国新记录种，样品采自漳州东山金銮湾沙滩。日本等地均有记载。

卵形藻未定种 1 *Cocconeis* sp. 1（图版 18：8-10）

壳面椭圆形，壳端略尖圆。壳面长 20 μm，宽 11 μm。无壳缝面点纹线形，点条纹放射状排列，10 μm 有 19 条；拟壳缝略宽，从壳面中部向两端变窄，壳端具无纹区。壳缝面点纹圆形，在壳缘有线形点纹，点条纹放射状排列，10 μm 有 34 ～ 39 条；壳缝直，外壳面中央壳缝和端壳缝简单，端壳缝未达壳缘，末端具无纹区；内壳面中央壳缝反向弯曲，端壳缝直，喇叭舌不明显。壳环带简单，在壳一端具开口。

生态：海水生活。

分布：样品采自福建漳州东山金銮湾沙滩。

双壳缝硅藻 Biraphid diatoms

琴状藻目 Lyrellales D.G. Mann

琴状藻科 Lyrellaceae D.G. Mann

栖沙藻属 *Moreneis* Park, Koh et Witkowski

模式种：*M. coreana* Park, Koh et Witkowski

朝鲜栖沙藻 *Moreneis coreana* **Park, Koh et Witkowski**（图版 19：1-4）

Park et al. 2012, p. 186, figs 2-3.

壳面舟形，壳端延长成喙状。长 29.0 μm，宽 13 ～ 15.5 μm。点纹圆形或扁圆形，壳端和壳缘处点纹较小；点条纹放射状排列，10 μm 有 14 条。壳缝在壳面中部直，近壳端偏心；外壳面中央壳缝膨大，位于凹槽内，反方向弯曲，弯曲的中央壳缝背面有一小点，端壳缝反方向弯曲，并与中央壳缝同侧弯曲；内壳面中央壳缝反方向弯曲，端壳缝具喇叭舌；中轴区窄，中心区中等大，横向扩大成矩形。Park 等（2012）记载壳面长 21 ～ 45 μm，宽 13 ～ 15 μm；点条纹 10 μm 有 14 ～ 16 条。

生态：海水生活。

分布：样品采自福建平潭龙凤头沙滩、泉州崇武西沙湾沙滩。浙江等地也有分布；韩国有记载。

栖沙藻未定种 1 *Moreneis* **sp. 1**（图版 19：5）

壳面宽椭圆形，壳端钝圆。壳面长 14 μm，宽 8.7 μm。点纹圆形或扁圆形，点条纹放射状排列，10 μm 有 22 条。壳缝在壳面中部直，近壳端略偏心；外壳面中央壳缝膨大，位于凹槽内，反方向弯曲；端壳缝反方向弯曲，并与中央壳缝同侧弯曲；壳面中轴区窄，中心区椭圆形。

生态：海水生活。

分布：样品采自福建泉州崇武西沙湾沙滩。

石舟藻属 *Petroneis* **A.J. Stickle et D.G. Mann**

模式种：*P. humerosa* (Brébisson) Stickle et D.G. Mann

肩部石舟藻 *Petroneis humerosa* **(Brébisson) Stickle et D.G. Mann**（图版 19：6）

Cleve-Euler 1953, p. 114, figs 732: a-b; Hustedt 1930, p. 311, fig. 559; Jin et al. (金德祥等) 1982, p. 143, fig. 388.

基本异名：*Navicula humerosa* Brébisson

壳面宽椭圆形，壳端嘴状延长。壳面长 55 μm，宽 27 μm。点条纹由单排点纹组成，放射状排列，内壳面点条纹连成长室孔，具覆盖膜，点条纹 10 μm 有 11 条。壳缝直，内壳面中央壳缝同侧钩状弯曲，端壳缝具粗大喇叭舌。壳面中轴区宽，中心区横向扩大成菱形。金德祥等（1982）记载壳面长 37 ～ 42 μm，宽 22 ～ 25 μm；点条纹 10 μm 有 12 条。

生态：海水、半咸水生活。

分布：样品采自福建宁德大京沙滩。福建平潭、厦门、东山等地也有分布；印度尼西亚、澳大利亚、喀麦隆、红海、地中海、欧洲北海、挪威等地均有记载。

桥弯藻目Cymbellales D.G. Mann

弯楔藻科 Rhoicospheniaceae Chen et Zhu

拟异极藻属 *Gomphonemopsis* Medlin

模式种：*G. exigua* (Kützing) Medlin

拟弱小拟异极藻 *Gomphonemopsis pseudexigua* (Simonsen) Medlin（图版 19：7）

Medlin & Round 1986, p. 208, figs 8-11, 48-51; Li et al. (李扬等) 2005, p. 828, figs 1:
1-4; Li (李朗) 2019, p. 124, figs 58: A-G.

基本异名：*Gomphonema pseudexiguum* Simonsen

同种异名：*Gomphonema exiguum sensu* Giffen; *Gomphonema exiguum sensu* Cholnoky;
Gomphonema aestuarii Giffen

壳面线披针形，两端异极。壳面长 14.0 μm，宽 2.3 μm。条纹为长室孔，条纹
平行排列，壳端轻微放射状，10 μm 有 22 条。壳缝直，内壳面端壳缝具喇叭舌。
中轴区窄，中心区向两侧扩大至壳面和壳套连接处。壳套上有一列点纹。该种与
弱小拟异极藻、海滨拟异极藻较为相似，差别在于壳面中心区的有无、中心区两
侧壳套上条纹的有无。李朗（2019）记载壳面长 11 ～ 23 μm，宽 2.1 ～ 2.5 μm；
点条纹 10 μm 有 17 ～ 22 条。

生态：海水生活。

分布：样品采自福建平潭龙凤头沙滩，该种常见于大型海藻、海草、桡足类等
生物体表，附着生活。该种分布广泛，我国东海、黄海、大亚湾、香港等地也有分布；
英国、美国、挪威、南非等地均有记载。

楔隔藻属 *Gomphoseptatum* Medlin

模式种：*G. aestuarii* (Cleve) Medlin

艾希楔隔藻 *Gomphoseptatum aestuarii* (Cleve) Medlin（图版 19：8）

Medlin & Round 1986, p. 212, figs 16-17, 55-59; Round et al. 1990, p. 476, figs a-j;
Witkowski et al. 2000, p. 222, figs 61: 17-18; Suzuki et al. 2007, p. 33, figs 23-24; Li
(李朗) 2019, p. 125, figs 59: A-P, 60: A-H.

基本异名：*Gomphonema aestuarii* Cleve

同种异名：*Gomphonema valentinica* Nikolajev

壳面异极，线形，壳端圆或钝圆。壳面长 23.0 μm，宽 3.5 μm。点纹宽线形，
点条纹由单排点纹组成，近平行排列，在中部稍微放射状，10 μm 有 21 条，2 列

点条纹分别位于壳面和壳套上。壳缝直，中轴区狭，中心区向两侧扩展。内壳面具假隔片，将尾端的端壳缝和喇叭舌遮住。Medlin 和 Round（1986）记载壳面长 9 ～ 35 μm，宽 2.0 ～ 4.5 μm；点条纹 10 μm 有 16 ～ 24 条。

生态：海水生活。

分布：样品采自福建平潭龙凤头沙滩。该种在大型海藻和动物体表均有发现，我国黄海和东海等地也有分布；美国、加拿大、墨西哥、韩国、日本、德国、冰岛和南非等地均有记载。

异菱藻科 Anomoeoneidaceae D.G. Mann

迪氏藻属 *Dickieia* Berkeley ex Kützing

模式种：*D. ulvacea* Berkeley ex Kützing

亚膨大迪氏藻 *Dickieia subinflata* (Grunow) D.G. Mann（图版 21：6）

Hustedt 1961-1966, p. 292, fig. 1415; Witkowski et al. 2000, p. 180, figs 108: 10-13.

基本异名：*Navicula subinflata* Grunow

同种异名：*Navicula sleensis* Simonsen

壳面长椭圆形，壳面两侧稍微膨大，壳端宽圆。壳面长 12 ～ 13 μm，宽 3.8 ～ 4.5 μm。点纹小，圆；点条纹稍微放射状排列，10 μm 有 21 ～ 25 条，点条纹从壳面到壳套均有分布，壳面中部点条纹较稀，壳端点条纹较密。壳缝直，外壳面中央壳缝膨大，端壳缝同侧弯曲至壳套；内壳面中央壳缝膨大，稍微同侧弯曲，端壳缝具有明显喇叭舌。壳面中轴区窄，壳端较宽，中心区不对称，通常有较短的点条纹 2 ～ 3 条。Witkowski 等（2000）记载壳面长 20 ～ 46 μm，宽 6 ～ 10 μm；点条纹 10 μm 有 18 ～ 20 条。

生态：海水、半咸水生活。

分布：该种为中国新记录种，样品采自福建平潭龙凤头沙滩、漳州南太武沙滩、东山金銮湾沙滩。欧洲沿海、波罗的海等地有记载。

石莼迪氏藻 *Dickieia ulvacea* (Berkeley et Kützing) Van Heurck（图版 21：7，8）

Hustedt 1961-1966, p. 289, fig. 1413; Cox 1985, p. 172, figs 47-54; Witkowski et al. 2000, p. 181, figs 108: 16-17.

基本异名：*Navicula ulvacea* Berkeley et Kützing

同种异名：*Dickieia ulvoides* Ralfs

壳面宽椭圆形，壳面两侧稍微膨大，壳端钝圆。壳面长 9.5 ～ 14 μm，宽 4.5 ～ 5.5 μm。点纹线形或不规则，点条纹在壳面中部平行排列，壳端放射状排列，点条纹 10 μm 有 23 ～ 28 条，壳面中部点条纹较稀，壳端点条纹较密。壳缝直，外壳面中央壳缝位于壳面凹陷处，端壳缝同侧弯曲至壳套；内壳面中央壳缝稍微膨大，端壳缝具喇叭舌。壳面中轴区窄，中心区向两侧扩大。Witkowski 等（2000）记载壳面长 23 ～ 35 μm，宽 5.5 ～ 12 μm，点条纹 10 μm 有 16 ～ 19.5 条。

生态：海水生活。

分布：样品采自福建平潭龙凤头沙滩、漳州东山金銮湾沙滩。浙江等地也有分布；英国、波罗的海西部等地均有记载。

舟形藻目Naviculales Bessey

伯克力藻科 Berkeleyaceae D.G. Mann

书形藻属 *Parlibellus* E.J. Cox

模式种：*P. delognei* Van Heurck

哈夫书形藻 *Parlibellus harffiana* Witkowski, Li et Yu（图版 19：9）

Witkowski et al. 2016, p. 185, figs 4p, s, 14a-c.

壳面半月形，壳端钝圆，中部较宽，向两侧宽度逐渐变小。壳面长 10 ～ 18 μm，宽 3.4 ～ 4 μm。点纹圆形或短线形，放射状排列，背部点条纹 10 μm 有 21 ～ 27 条，腹部点条纹 10 μm 有 24 ～ 31 条。壳缝直，简单，内壳面端壳缝喇叭舌不明显。壳环带多条，具 1 ～ 2 列点纹。Witkowski 等（2016）记载壳面长 8.5 ～ 16.5 μm，宽 3.5 ～ 5.0 μm；点条纹 10 μm 有 20 ～ 22 条。

生态：海水、半咸水生活。

分布：样品采自福建福州长乐沙滩。我国黄海、渤海均有分布；其他地方未见报道。

书形藻未定种 1 *Parlibellus* sp. 1（图版 19：10）

壳面舟形，壳端钝圆。壳面长 13.4 μm，宽 3.7 μm。点纹线形，横向排列；点条纹放射状排列，10 μm 有 30 条。壳缝弯曲，外壳面中央壳缝反向弯曲，有时直，端壳缝同侧弯曲至壳套。壳环带多条，上有 1 ～ 2 列点纹。

生态：海水生活。

分布：样品采自福建漳州东山金銮湾沙滩。

双肋藻科 Amphipleuraceae Grunow

海生双眉藻属 *Halamphora* Levkov

模式种：*H. coffeaeformis* (Agardh) Levkov

厦门海生双眉藻 *Halamphora amoyensis* Chen, Zhuo et Gao, sp. nov.（图版 24：5-9）

硅质壳长椭圆形，端延长。壳面背腹部明显，背部凸起，腹部直或略凸。壳面长 14 ～ 24 μm，宽 3.0 ～ 3.8 μm。背部点条纹靠近壳缝处为双排点纹，其余为单行点纹，10 μm 有 25 ～ 31 条。腹部点条纹为单排点纹，平行排列，10 μm 有 38 ～ 47 条。壳缝直，外壳面中央壳缝向背部弯曲，端壳缝略微向背部弯曲，内壳面中央壳缝之间有硅质肋，端壳缝喇叭舌不明显。壳面中轴区窄。

生态：海水生活。

分布：样品采自福建福州长乐沙滩、平潭龙凤头沙滩。

模式标本：图版 24：8，模式标本号 N202007，同模式标本号 NI202007，厦门大学生命科学学院，中国，采集人卓素卿、王震。

北方海生双眉藻 *Halamphora borealis* (Kützing) Levkov（图版 20：1，2）

Kützing 1844, p. 108, fig. 3: 18; Levkov 2009, p. 175, figs 103: 11-32, 231: 1-8.

基本异名：*Amphora borealis* Kützing

壳面背腹部明显。壳面长 14 ～ 16 μm，宽 3.5 ～ 4.5 μm。点纹圆形或不规则形，点条纹放射状排列，背部点条纹 10 μm 有 22 ～ 23 条。壳缝直，外壳面中央壳缝和端壳缝稍微向背部弯曲，内壳面中央壳缝之间具硅质肋，端壳缝喇叭舌不明显。Levkov（2009）记载壳面长 19 ～ 40 μm，宽 3 ～ 4 μm；背部点条纹 10 μm 有 20 ～ 24 条。

生态：海水、半咸水生活。

分布：样品采自福建宁德大京沙滩。山东、海南等地也有分布；欧洲北海、波罗的海、澳大利亚等地均有记载。

蔡氏海生双眉藻 *Halamphora cejudoae* Alvarez-Blanco et S. Blanco（图版 20：3，4）

Alvarez-Blanco & Blanco 2014, p. 64, figs 34: 2-6, 79: 1-5.

壳面背腹部明显，背部凸起，腹部略凸或直。壳面长 17.5 ～ 23.0 μm，宽 4.6 ～ 5.3 μm。背部点纹圆形，小；点条纹由双排点纹组成，略放射状排列，10 μm 有 15 ～ 17 条，点条纹之间有肋状突起，背缘有一条无纹纵线；内壳面可见背部靠近壳缝处有一条无纹纵线和一列独立的点纹；腹部点纹线形，长短不一，近中部点纹圆形或无，点条纹平行或略放射状排列，10 μm 有 23 ～ 27 条。壳缝双弧形，外壳面中央壳缝略膨大，向背部弯曲，端壳缝向背部弯曲；内壳面中央壳缝简单，端壳缝喇叭舌不明显；壳面中轴区宽。Alvarez-Blanco 和 Blanco（2014）记载壳面长 16 ～ 33 μm，宽 3.8 ～ 5.5 μm；背部点条纹 10 μm 有 16 ～ 19 条，腹部点条纹 10 μm 有 20 ～ 22 条。

生态：海水生活。

　　分布：该种为中国新记录种，样品采自福建莆田湄洲湾沙滩。仅在地中海有记载。

咖啡形海生双眉藻 *Halamphora coffeaeformis* (Agardh) Levkov（图版 20：5，6）

Levkov 2009, p. 179, fig. 91: 1-14, 94: 17-27, 99: 15-23; Jin et al. (金德祥等) 1982, p.
　　168, figs 475-476.

基本异名：*Frustulia coffeaeformis* Agardh

同种异名：*Cymbophora coffeaeformis* (Agardh) Brébisson; *Amphora coffeaeformis* (Agardh)
　　Kützing

　　壳面背腹部明显，背部凸起，腹部直至稍微凹入，壳端延长并弯向腹侧。壳面长 16.5 ～ 46.7 μm，宽 4.0 ～ 5.6 μm。背部点条纹由双排点纹组成，放射状排列，10 μm 有 20 ～ 25 条。腹部点纹线形，稍微放射状排列，10 μm 有 42 条。壳缝直，外壳面中央壳缝稍微向背部弯曲，端壳缝向背部弯曲。壳面中轴区宽。金德祥等（1982）记载壳面长 10 ～ 46 μm，宽 4 ～ 8 μm。

　　生态：海水、半咸水和淡水生活。

　　分布：样品采自福建宁德大京沙滩、福州长乐沙滩、莆田湄洲湾沙滩、泉州崇武西沙湾沙滩。该种分布广泛，大型海藻和海洋动物体表常见；浙江、广东、海南等地也有分布；美国夏威夷群岛、北美大西洋沿岸、澳大利亚等地均有记载。

盐地海生双眉藻 *Halamphora salinicola* Levkov et Diaz（图版 20：7，8）

Levkov, 2009, p. 220, figs 109: 8-17, 207: 1-3, 5, 6.

　　细胞长椭圆形，两端延长。壳面背腹部明显，背部凸起，腹部直或略凸出。壳面长 21 ～ 32 μm，宽 4.5 ～ 11.0 μm。点纹圆形或短线形，点条纹由单排点纹组成，稍微放射状排列，背部点条纹 10 μm 有 19 ～ 21 条，腹部点条纹 10 μm 有 23 ～ 26 条。背部近壳缝处有一列点条纹，与背部其他点条纹之间有一条无纹纵线。壳缝直，内壳面中央壳缝之间有一个硅质肋。Levkov（2009）记载壳面长 20 ～ 34 μm，宽 2.5 ～ 3.7 μm；背部点条纹 10 μm 有 21 ～ 26 条。

　　生态：海水生活。

　　分布：该种为中国新记录种，样品采自福建莆田湄洲湾沙滩、泉州崇武西沙湾沙滩。智利有记载。

维氏海生双眉藻 *Halamphora wisei* (Salah) Alvarez-Blanco et S. Blanco（图版 20：9-12）

Salah 1955, p. 101, fig. II: 11; Witkowski et al. 2000, p. 154, figs 162: 18-19; Alvarez-
　　Blanco & Blanco 2014, p. 67, figs 35: 6-7; 81: 3-4.

基本异名：*Amphora turgida* var. *wisei* Salah

壳面背腹部明显，背部凸起，腹部直，非常窄。壳面长 13.8 ～ 18.9 μm，宽 3.2 ～ 4.5 μm。点纹小，圆形，点条纹由双排点纹组成，10 μm 有 18 ～ 20 条，点条纹之间具宽的肋条；壳面背部中间有一个宽的纵线，将点条纹分隔为两个部分，分别位于近壳缝处和壳面背部。壳缝直，位于腹部，接近壳缘，内壳面中央壳缝之间有硅质肋，端壳缝喇叭不明显。壳面背部与壳套之间有一条纵线。Salah（1955）记载壳面长 8 ～ 13 μm，宽 2.5 ～ 3.5 μm；点条纹 10 μm 有 16 ～ 18 条。

生态：海水、半咸水生活。

分布：样品采自福建宁德大京沙滩。浙江也有分布；英国、地中海等地均有记载。

曲缝藻科 Scoliotropidaceae Mereschkowsky

对纹藻属 *Biremis* D.G. Mann et E.J. Cox

模式种：*B. ambigua* (Cleve) D.G. Mann

模糊对纹藻 *Biremis ambigua* (Cleve) D.G. Mann（图版 21：1-3）

Sabbe et al. 1995, p. 379, figs 4-19; Witkowski et al. 2000, p. 158, fig. 155: 2-6.

基本异名：*Pinnularia ambigua* Cleve

壳面棍形，中部凹陷，壳端钝圆。壳面长 32 ～ 44 μm，宽 6.5 ～ 13.0 μm。壳面上的条纹由 3 列圆的与略微细长的点纹组成，它们形成 3 个纵向排列，两列靠近壳缘，另一列位于壳面与壳套的过渡区，被一个纵向的无纹区域隔开；点条纹 10 μm 有 7 ～ 7.5 条。壳缝直，中央壳缝末端微扩展成孔状，端壳缝向相反方向弯曲并呈钩状，在靠近边缘孔的地方结束。Witkowski 等（2000）记载壳面长 33～ 78 μm，宽 8 ～ 10 μm；点条纹 10 μm 有 8 ～ 9 条。

生态：海水生活。

分布：样品采自中国福建平潭龙凤头沙滩、泉州崇武西沙湾沙滩。新西兰有记载。

光亮对纹藻 *Biremis lucens* (Hustedt) Sabbe, Witkowski et Vyverman（图版 21：4,5）

Hustedt 1942, p. 69; Sabbe et al. 1995, p. 379, figs 4-19.

基本异名：*Navicula lucens* Hustedt

同种异名：*Fallacia lucens* (Hustedt) D.G. Mann

壳面长椭圆形，环带观呈长方形，通常有或无缢缩。壳面长 11.2 ～ 25.0 μm，宽 3 ～ 5 μm。壳面上的条纹由两列圆的与略微细长的点纹组成，它们形成两个纵向排列，一列靠近壳缘，另一列位于壳面与壳套的过渡区，被一个纵向的无纹区域隔开；壳缝直，中央壳缝末端微扩展成孔状，端壳缝末梢向相反方向弯曲并呈钩状，在靠近边缘孔的地方结束；内壳面顶端壳缝具喇叭舌，中央壳缝末端轻微突起。

在每一对孔纹之间有一个两列的筛板，筛板被明显的肋突分开。点条纹 10 μm 有 12 ～ 13 条，壳环带由 6 条开放的带组成，它们都有两个（通常不是完整的）纵向排列的小孔。Witkowski 等（2000）记载壳面长 7 ～ 25 μm，宽 2.5 ～ 5.0 μm；点条纹 10 μm 有 11～ 17 条。

该种与模糊对纹藻（*B. ambigua*）非常相似，区别之处在于后者的细胞通常比较大，点条纹密度 10 μm 有 8 个，一般少于 9 个。

生态：海水生活。

分布：样品采自中国福建平潭龙凤头沙滩、莆田湄洲湾沙滩、泉州崇武西沙湾沙滩、漳州东山金銮湾沙滩。福建厦门、浙江等地也有分布；荷兰、澳大利亚、波兰、巴布亚新几内亚、英国、坦桑尼亚等地均有记载。

鞍型藻科 Sellaphorinaceae D.G. Mann

曲解藻属 *Fallacia* A.J. Stickle et D.G. Mann

模式种：*F. pygmaea* (Kützing) Stickle et D.G. Mann

水母曲解藻 *Fallacia aequorea* (Hustedt) D.G. Mann（图版 21：9）

Sabbe et al. 1999, p. 9, figs 7-10, 60-61.

基本异名：*Navicula aequorea* Hustedt

壳面椭圆形，壳端钝圆。壳面长 6.9 μm，宽 4.2 μm。点纹圆形或不规则形，点条纹在壳面中部平行排列，壳端放射状，10 μm 有 27 条。壳缝直，外壳面中央壳缝略微膨大，端壳缝稍微同侧弯曲，未达壳缘。中轴区窄，中心区近圆形。盖片窄，仅在靠近壳缝的第一列点条纹，形成 H 形侧区。Sabbe 等（1999）记载壳面长 6.0 ～ 14.4 μm，宽 3.7 ～ 5.5 μm；点条纹 10 μm 有 24 ～ 29 条。

生态：海水、半咸水生活。

分布：该种为中国新记录种，样品采自福建漳州南太武沙滩。欧洲北海、大西洋和太平洋沿岸等地均有记载。

弗罗林曲解藻 *Fallacia florinae* (Møller) Witkowski（图版 21：10）

Møller 1950, p.204, fig. 9; Witkowski 1993, p. 215, figs 1-18; Garcia 2003, p. 311, figs 14, 15, 17-23.

基本异名：*Navicula florinae* Møller

壳面椭圆形，壳端钝圆，长 7.5 ～ 12.5 μm，宽 4.5 ～ 6.5 μm。点纹圆形或扁圆形；点条纹由单排点纹组成，放射状排列，10 μm 有 30 ～ 34 条。壳缝直，外壳面中央壳缝稍微膨大，端壳缝同侧弯曲，内壳面中央壳缝较外壳面中央壳缝略大，端壳缝具喇叭舌。侧区弧形，多孔盖片覆盖整个壳面。Garcia（2003a）记载壳面长 8 ～ 14 μm，宽 4.5 ～ 7.5 μm；点条纹 10 μm 有 24 ～ 30 条。

生态：海水、半咸水生活。

分布：样品采自福建宁德大京沙滩。波兰、丹麦、巴西等地均有记载。

奈尔曲解藻 *Fallacia nyella* (Hustedt) D.G. Mann（图版 22：1）

Hustedt 1961-1966, p. 535, fig. 1571; Garcia 2003, p. 313, figs 16, 24-27.

基本异名：*Navicula nyella* Hustedt

壳面椭圆形至长椭圆形，长 7.5 ～ 10.5 μm，宽 5.0 ～ 6.0 μm。点条纹 10 μm 有 34 ～ 35 条。点纹圆形或不规则形，点条纹放射状排列。壳面侧区弧形，将点条纹分为两个部分，近壳缘处各有 3 ～ 4 列，靠近壳缝两侧各有一列较短的点条纹。壳缝直，外壳面中央壳缝稍微膨大，端壳缝同侧弯曲。Garcia（2003a）记载壳面长 13 ～ 16 μm，宽 7 ～ 8 μm；点条纹 10 μm 有 28 条。

生态：海水生活。

分布：该种为中国新记录种，样品采自福建漳州漳浦六鳌沙滩。巴西有记载。

侏儒曲解藻 *Fallacia pygmaea* (Kützing) D.G. Mann（图版 22：2）

Kützing 1894, p. 77; Jin et al. (金德祥等) 1991, p. 140, figs 99: 1205-1206.

基本异名：*Navicula pygmaea* Kützing

壳面狭椭圆形，壳端钝圆。壳面长 13.5 ～ 21.0 μm，宽 5.5 ～ 9.5 μm。点纹圆形，点条纹在壳面中部稍微放射状排列，壳端明显放射状，10 μm 有 21 ～ 25 条。壳缝直，外壳面中央壳缝稍微膨大，位于凹陷处，端壳缝同侧弯曲，可达壳套。侧区 H 形，在壳端向壳面中部弯曲。端壳缝 2 侧各具 1 条线形开口，壳端处壳缘各有一列点纹。金德祥等（1991）记载壳面长 28 μm，宽 13 μm，点条纹 10 μm 有 26 条。Van Heurck（1896）记载壳面长 22.5 ～ 45.0 μm，宽 10.0 ～ 12.5 μm。

生态：海水、半咸水、淡水生活。

分布：样品采自福建宁德大京沙滩、漳州漳浦六鳌沙滩。西沙群岛附近海域、浙江等地也有分布；比利时、英国、法国、美国、阿根廷、德国、荷兰等地均有记载。

柔弱曲解藻 *Fallacia tenera* (Hustedt) D.G. Mann（图版 22：3，4）

Sabbe et al. 1999, p. 18, figs 1-4, 75, 78, 82; Witkowski et al. 2000, p. 214, figs 71: 52-56; Chen et al. 2006, p. 98, fig. 4; Li (李扬) 2006, p. 229, figs 13: 215-217; Sun (孙琳) 2013, p. 50, fig. 4: 48; Zhao (赵龙) 2016, p. 51, figs 2: 15-18.

基本异名：*Navicula tenera* Hustedt

壳面椭圆形、线椭圆形至线形，壳端钝圆。壳面长 9 ～ 13 μm，宽 4.8 ～ 6.5 μm。点纹在壳缘为宽线形，在壳面中央为圆形，点条纹在壳端中部区平行排列，壳端放射状排列，10 μm 有 19 条。壳缝轻微弯曲，外壳面壳缝中端膨大并向同一侧轻微弯曲，端壳缝则向另一侧弯曲成钩状。中轴区不对称，中心区明显，与侧区相连。侧区狭，线形至披针形，直达壳端。赵龙（2016）记载壳面长 7.2 ～ 7.7 μm，宽 4.0 ～ 4.3 μm。

生态：海水、半咸水、淡水生活。

分布：样品采自福建漳州南太武沙滩。北部湾、广东、香港等地有分布；斯里兰卡、南非和美国密歇根州等地均有记载。

似柔弱曲解藻 *Fallacia teneroides* (Hustedt) D.G. Mann（图版 22：5，6）

Sabbe et al. 1999, p. 8, figs 5, 6, 81.

基本异名：*Navicula teneroides* Hustedt

同种异名：*Navicula umpatica* Cholnoky; *Navicula carminata* Hustedt var. *africana* Cholnoky

　　壳面长椭圆形，长 8.9 ～ 9.3 μm，宽 4.5 ～ 5.0 μm。点纹在壳缘为宽线形，在壳面中部为圆形；点条纹放射状排列，10 μm 有 26 ～ 30 条。壳面具宽的侧区，将点条纹分隔为两个部分，即壳缘两侧各有一列条纹，壳缝两侧各有 3 ～ 4 列点条纹。壳缝稍微弧形，外壳面中央壳缝稍微膨大，端壳缝同侧弯曲，可达壳套；内壳面中央壳缝稍微膨大，端壳缝具喇叭舌。外壳面端壳缝两侧各有 2 个开口。Sabbe 等（1999）记载壳面长 8.7 ～ 9.4 μm，宽 4.4 μm。

生态：海水、半咸水生活。

分布：样品采自福建宁德大京沙滩、泉州崇武西沙湾沙滩。浙江等地也有分布；比利时、荷兰等地均有记载。

羽纹藻科 Pinnulariaceae D.G. Mann

矮羽纹藻属 *Chamaepinnularia* Lange-Bertalot et Krammer

维氏矮羽纹藻 *Chamaepinnularia wiktoriae* (Witkowski et Lange-Bertalot)Witkowski, Lange-Bertalot et Metzeltin（图版 22：7，8）

Witkowski 1994, p. 162, figs 34: 1-13; Witkowski et al. 2000, p. 171, figs 69: 26-31.

基本异名：*Navicula wiktoriae* Witkowski & Lange-Bertalot

　　壳面椭圆形至线椭圆形，壳端稍微头状。壳面长 7 ～ 8 μm，宽 2.4 ～ 2.8 μm。条纹为长室孔，壳面中央平行排列，壳端稍微放射状，10 μm 有 22 ～ 24 条，壳缘具一列条纹。壳缝线形，外壳面中央壳缝稍微膨大，端壳缝同侧弯曲，内壳面端壳缝喇叭舌不明显。Witkowski 等（2000）记载壳面长 6 ～ 10 μm，宽 2.5 ～ 3.5 μm；条纹 10 μm 有 18 ～ 21 条。

生态：海水、半咸水生活。

分布：该种为中国新记录种，样品采自福建漳州南太武沙滩、东山金銮湾沙滩。欧洲波罗的海有记载。

矮羽纹藻未定种 1 *Chamaepinnularia* sp. 1（图版 22：9）

壳面长椭圆形，壳端钝圆。壳面长 16.2 μm，宽 7.0 μm。条纹为长室孔，放射状排列，10 μm 有 24 条。近壳缘处各有一条纵线，将壳面条纹分为 2 个部分，纵线未达壳端。壳缝直，外壳面中央壳缝膨大，端壳缝弯曲状，直达壳缘。壳面中轴区大，宽披针形。

生态：海水生活。

分布：样品采自福建泉州崇武西沙湾沙滩。

双壁藻科 Diploneidaceae D.G. Mann

双壁藻属 *Diploneis* Ehrenberg

模式种：*D. didyma* (Ehrenberg) Cleve

埃氏双壁藻 *Diploneis aestuarii* Hustedt（图版 22：10）

Cheng et al. (程兆第等) 1993, p. 40, figs 17: 125-126; Li (李扬) 2006, p. 209, fig. 9: 159; Li (李朗) 2019, p. 38, figs 5: G-H, 6: A.

壳面长椭圆形，中部略微缢缩。壳面长 15.0 μm，宽 5.9 μm。壳面具肋纹，放射状排列，肋纹 10 μm 有 20 条。内壳面壳缝直，端壳缝具喇叭舌。李朗（2019）记载壳面长 16.7 μm，宽 6.5 μm，外壳面每条肋纹在壳缘以及偏离中部、靠近壳缝的位置有 2 个 C 形孔纹，壳面中部两条肋纹上 C 形孔纹较大，且更靠近壳缝中端。壳环带平滑。

生态：海水、半咸水生活。

分布：样品采自福建宁德大京沙滩。该种也见于大型海藻和桡足类体表，长江口海域、黄海、东海、山东、广东、香港等地也有分布；德国、荷兰、澳大利亚等地均有记载。

断纹双壁藻 *Diploneis interrupta* (Kützing) Cleve（图版 22：11）

Kützing 1844, 100, pl. 29, fig. 93; Jin et al. (金德祥等) 1982, p. 103, fig. 268; Pennesi et al. 2017, p. 195, figs 10-16.

基本异名：*Navicula interrupta* Kützing

同种异名：*Schizonema interruptum* (Cleve) Kuntze

壳面中部强烈缢缩，两部分呈宽椭圆形。壳面长 24 ～ 29 μm，宽 6 ～ 10 μm。条纹为长室孔，在壳面中部平行，壳端明显放射状，条纹 10 μm 有 14 ～ 16 条，内壳面中部无条纹。壳缝直，外壳面中央壳缝同侧弯曲，端壳缝同侧弯曲，弯曲方向与中央壳缝相同。纵线平行，上有分散的几个大的孔纹。Pennesi 等（2017）记载壳面长 19.3 ～ 23.8 μm，宽 7 ～ 9 μm；条纹 10 μm 有 16 ～ 18 条；长室孔在内壳面具膜覆盖，膜上有许多细点纹。

生态：海水、半咸水生活。

分布：样品采自福建宁德大京沙滩、莆田湄洲湾沙滩、泉州崇武西沙湾沙滩。该种分布广泛，东海大陆架、广西、海南、香港等地也有分布；印度尼西亚，澳大利亚，新西兰，红海，南非，欧洲地中海、北海沿岸，美国东海岸等地均有记载。

史密斯双壁藻 *Diploneis smithii* (Brébisson) Cleve（图版 23：1）

Cleve 1894, p. 96; Jin et al. (金德祥等) 1982, p. 110, figs 294-295; Pennesi et al. 2017, p. 195, figs 32-38.

壳面椭圆形至长椭圆形，长 36 μm，宽 15 μm。条纹为长室孔，内有双排细点纹，相间排列，10 μm 有 11 条。壳缝直，内壳缝位于 2 条纵线之间，端壳缝具不明显喇叭舌。纵线平行，中节中等大。Pennesi 等（2017）记载壳面长 25.0 ～ 39.5 μm，宽 12.5 ～ 23.0 μm；条纹 10 μm 有 9 ～ 11 条。

生态：海水、半咸水生活。

分布：样品采自福建泉州崇武西沙湾沙滩、平潭龙凤头沙滩、漳州东山金銮湾沙滩。该种分布广泛，辽宁、山东、河北、江苏、广西、广东、海南等地也有分布；菲律宾，印度尼西亚，新西兰，澳大利亚，欧洲北海、地中海，北美洲和中美洲大西洋沿岸等地均有记载。

斯氏双壁藻 *Diploneis stroemi* Hustedt（图版 23：2，3）

Hustedt 1937, p. 608, fig. 1022; Witkowski et al. 2000, p. 194, figs 86: 4, 87: 1-3; Pennesi et al. 2017, p. 195, figs 45-50.

壳面中部强烈缢缩，两部分呈宽椭圆形。壳面长 28～ 56 μm，宽 10 ～ 17 μm。条纹为长室孔，内有筛板，10 μm 有 12 ～ 16 条。条纹在壳面中央平行排列，壳端轻微放射状；条纹被一条纵肋分成两列；外壳面中部条纹短，两侧各具 2 个大的孔纹，内壳面中部无条纹。壳缝直，外壳面中央壳缝同侧弯曲，端壳缝同侧弯曲，弯曲方向与中央壳缝相同。纵线直，窄，平行。Pennesi 等（2017）记载壳面长 34.5 ～ 66.5 μm，宽 12.8 ～ 17.5 μm；条纹 10 μm 有 11 ～ 14 条。

生态：海水生活。

分布：样品采自福建平潭龙凤头沙滩、泉州崇武西沙湾沙滩。印度尼西亚有记载。

拟威氏双壁藻 *Diploneis weissflogiopsis* Lobban et Pennesi（图版 23：4）

Pennesi et al. 2017, p. 218, figs 108-114.

壳面长椭圆形，中部缢缩，壳端钝圆。壳面长 31.0 μm，宽 13.5 μm；点条纹放射状排列，10 μm 有 11 条，靠近壳面中部点纹较小。壳缝直，外壳面中央壳缝直或略弯曲，位于壳面凹陷处；端壳缝同侧弯曲。壳面中心区凹陷，不连续。Pennesi 等（2017）记载壳面长 27 ~ 43 μm，宽 9.3 ~ 14.0 μm；点条纹 10 μm 有 10 ~ 12 条。该种与威氏双壁藻（*D.weissflogii*）类似，但前者中心区外壳面凹陷，内壳面具 3 个孔；而后者中心区外壳面连续，无凹陷，内壳面仅有一个孔。

生态：海水生活。

分布：该种为中国新记录种，样品采自福建漳州东山金銮湾沙滩。西太平洋有记载。

双壁藻未定种 1 *Diploneis* sp. 1（图版 23：5，6）

壳面长椭圆形，壳端钝圆。壳面长 17.9 μm，宽 9.0 μm。点条纹放射状排列，10 μm 有 18 条，壳面中部具一些小的点纹。壳缝直，外壳面中央壳缝同侧弯曲，端壳缝同侧弯曲，弯曲方向与中央壳缝相同；内壳面中央壳缝相距较远，端壳缝具喇叭舌。该种类似脓泡双壁藻（*D. papula*），但是点条纹密度和中央壳缝不同。

生态：海水生活。

分布：样品采自福建泉州崇武西沙湾沙滩。

舟形藻科 Naviculaceae Kützing

拟卵形藻属 *Cocconeiopsis* Witkowski, Lange-Bertalot et Metzeltin

模式种：*C. orthoneiodes* (Hustedt) Witkowski, Lange-Bertalot et Metzeltin

坎特深拟卵形藻 *Cocconeiopsis kantsinensis* (Giffen) Witkowski, Lange-Bertalot et Metzeltin（图版 25：1-4）

Giffen 1967, p. 269, figs 65-67; Witkowski et al. 2000, p. 173, figs 67: 3-7; figs 68: 2-3.

基本异名：*Navicula kantsinensis* Giffen

壳面椭圆形至宽椭圆形。壳面长 10 ~ 20 μm，宽 8 ~ 13 μm。点纹圆形，壳面中央处点纹椭圆形，靠近壳缘处点纹线形。点条纹呈强烈放射状，10 μm 有 20 ~ 23 条。壳缝直，线形，外壳面中央壳缝和端壳缝均膨大，端壳缝未达壳缘；内壳面中央壳缝反向弯曲，端壳缝具喇叭舌。壳面中轴区狭窄，中心区略呈圆形，小，不向两侧扩大。壳环带有一列点纹。Witkowski 等（2000）记录壳面长为 17 ~ 30 μm，宽为 12 ~ 18 μm；点条纹 10 μm 有 18 ~ 20 条。

生态：海水、半咸水生活。

分布：样品采自福建泉州崇武西沙湾沙滩、厦门海韵台沙滩、漳州东山金銮湾沙滩。南非、阿曼等地均有记载。

帕氏拟卵形藻 *Cocconeiopsis patrickae* (Hustedt) Witkowski, Lange-Bertalot et Metzeltin （图版 25：5，6）

Hustedt 1955, p. 15, fig. 6: 26; Witkowski et al. 2000, p. 174. pl. 67, figs. 1-2, pl. 68, fig. 1.

同种异名：*Navicula patrickae* Hustedt

　　壳面长椭圆形，长 8.0 ～ 11.5 μm，宽 5 ～ 6 μm。点纹圆形或扁圆形，近壳缘点纹线形。点条纹在壳面中部平行或稍微放射状排列，壳端逐渐转为放射状排列，10 μm 有 26 ～ 33 条；壳缝线形，直，中央壳缝和端壳缝均膨大成水滴状，端壳缝位于无纹区内，未达壳缘，通常无纹区内具一圆点。中轴区窄，中心区小。内壳面具不明显硅质肋，中轴区硅质加厚，内壳缝中央部分反向弯曲，两端具喇叭舌，点纹具覆盖膜。Witkowski 等（2000）记载壳面长 13 ～ 18 μm，宽 8 ～ 10 μm；点条纹 10 μm 有 20 ～ 30 条。

　　生态：海水附着生活。

　　分布：样品采自福建厦门海韵台沙滩。大西洋、印度洋、巴西等地均有记载。

拟卵形藻未定种 1 *Cocconeiopsis* sp. 1（图版 25：7，8）

　　壳面椭圆形，壳端钝圆。壳面长 13 ～ 14 μm，宽 6.5 ～ 8.0 μm。点纹线形，点条纹放射状排列，10 μm 有 25 条。壳缝直，端壳缝未达壳缘，内壳面中央壳缝反向弯曲，钩状，端壳缝具喇叭舌。壳面中轴区宽，中心区大，壳面具 H 形侧区。

　　生态：海水、半咸水生活。

　　分布：样品采自福建宁德大京沙滩、泉州崇武西沙湾沙滩。

拟卵形藻未定种 2 *Cocconeiopsis* sp. 2（图版 25：9，10）

　　壳面椭圆形，壳端钝圆。壳面长 10.5 ～ 12.0 μm，宽 6.3 ～ 7.0 μm。点纹 C 形，点条纹放射状排列，10 μm 有 20 ～ 24 条。壳缝直，外壳面中央壳缝和端壳缝略微膨大，端壳缝位于一个小的无纹区内，未达壳缘；内壳面中央壳缝反向弯曲，钩状，端壳缝具喇叭舌。壳面中轴区较大，中心区长方形。

　　生态：海水、半咸水生活。

　　分布：样品采自福建福州长乐沙滩、平潭龙凤头沙滩。

波状藻属 *Cymatoneis* Cleve

　　模式种：*C. sulcata* (Greville) Cleve

沙地波状藻 *Cymatoneis margarita* Witkowski（图版 23：7，8）

Witkowski et al. 2000, p. 179, figs 109: 9-17.

　　壳面披针形至椭圆披针形，壳端尖圆。壳面长 10 ～ 15 μm，宽 4 μm。点纹线形，点条纹放射状排列,10 μm 有 18 ～ 22 条。壳缝轻微 S 形,外壳面中央壳缝稍微扩大,端壳缝反方向弯曲。内壳面中央壳缝处硅质加厚,端壳缝具喇叭舌。壳面具中心区,向两侧扩大。壳面具纵脊,把壳面分成几个不同的部分。Witkowski 等（2000）记载壳面长 13.5 ～ 18.0 μm,宽 5 ～ 6 μm；点条纹 10 μm 有 18 ～ 20 条。

　　生态:海水生活。

　　分布:该种为中国新记录种,样品采自福建泉州崇武西沙湾沙滩、漳州漳浦六鳌沙滩。阿曼、美国密西西比河、加里曼丹岛等地均有记载。

福氏藻属 *Fogedia* Witkowski, Lange-Bertalot et Metzeltin

　　模式种: *F. giffeniana* (Foged) Witkowski, Metzeltin et Lange-Bertalot

密福氏藻 *Fogedia densa* Park, Khim, Koh et Witkowski（图版 23：9, 10）

Park et al. 2013, p. 440, figs 6-10；Zhao (赵龙) 2016, p. 36, fig. 2: 19.

　　壳面宽椭圆披针形,壳端延长成头状,壳面长 14.5 ～ 16.0 μm, 宽 6 ～ 8 μm。点纹线形,点纹密度 10 μm 有 28 ～ 29 个；点条纹在壳面中部呈放射状,向壳端逐渐转为平行排列,点条纹 10 μm 有 17 ～ 19 条,壳面中部点条纹较稀,壳缘点条纹密度较密。壳缝直,中央壳缝膨大,端壳缝稍微膨大,略向同一侧弯曲,内壳面端壳缝具喇叭舌。中轴区狭窄,呈线形,中心区小,两侧均有 2 ～ 3 条较短的条纹；中心区周围若干点纹与壳面其余点纹延伸方向不同。Park 等（2013）记载壳面长 13 ～ 21 μm,宽 5.5 ～ 6.0 μm；点条纹 10 μm 有 18 ～ 21 个。

　　生态:海水、半咸水生活。

　　分布:样品采自福建福州长乐沙滩、平潭龙凤头沙滩。天津、青岛也有分布；此前仅在韩国有记载。

琴状福氏藻 *Fogedia lyra* Park, Khim, Koh et Witkowski（图版 23：11）

Park et al. 2013, p. 442, Figs 17-21, S16-S19, S32-S35；Li (李朗) 2019, p. 43, figs 9:
　A-B.

　　壳面宽椭圆形,或宽椭圆披针形至线椭圆形,壳端呈楔形并较短延伸。壳面长 41 μm, 宽 11 μm。点条纹放射状排列, 10 μm 有 11 条。壳缝直,壳缝中端轻微膨大,端壳缝向同侧弯曲成钩状。中轴区细狭,线形。壳面上具无纹的侧区。Park 等（2013）记载壳面长 29 ～ 40 μm,宽 11.0 ～ 12.5 μm；点条纹 10 μm 有 12 ～ 14 条。

　　生态:海水、半咸水生活。

　　分布:样品采自福建宁德大京沙滩。山东也有分布；韩国、日本等地均有记载。

福氏藻未定种 1 *Fogedia* sp. 1（图版 24：1, 2）

　　壳面宽椭圆形,壳端略延长成鸭嘴状,壳面长 11.6 ～ 15.0 μm,宽 4.3 ～ 5.3 μm。

点纹线形，10 μm 有 20 个；点条纹平行排列，10 μm 有 34 ～ 36 条。壳缝直，外壳面中央壳缝膨大，端壳缝反向弯曲，内面中央壳缝简单，端壳缝具喇叭舌。

生态：海水、半咸水生活。

分布：样品采自福建福州长乐沙滩、平潭龙凤头沙滩。

福氏藻未定种 2 *Fogedia* sp. 2（图版 24: 3）

壳面宽椭圆形，壳端延长成鸭嘴状，壳面长 14.6 ～ 15.0 μm，宽 4.9 ～ 5.3 μm。点纹线形，10 μm 有 35 ～ 50 个；点条纹轻微放射状排列，10 μm 有 21 条，条纹在壳面中部较稀，壳缘较密。壳缝直，中央壳缝膨大，端壳缝稍微膨大，略向同一侧弯曲。中轴区窄，呈线形，中心区小，两侧均有 2 ～ 3 条较短的条纹；中心区周围若干点纹与壳面其余点纹延伸方向不同。该种与密福氏藻相似，但是壳端明显不同，点纹密度差异也较大。该种壳端与韩国福氏藻相同，但是点纹和点条纹密度均不同。

生态：海水、半咸水生活。

分布：样品采自福建福州长乐沙滩、平潭龙凤头沙滩。

福氏藻未定种 3 *Fogedia* sp. 3（图版 24: 4）

壳面宽披针形，壳端钝圆，壳面长 39 μm，宽 11 μm。点纹线形，在壳面中部一些点纹排列方向与其他点纹不同；点条纹在壳面中部呈放射状，向壳端逐渐转为平行排列，点条纹 10 μm 有 12 条，壳面中部点条纹较稀，壳缘点条纹密度较密。壳缝直，中央壳缝膨大，端壳缝稍微膨大，略向同一侧弯曲；壳面中轴区窄，中心区近圆形。

生态：海水、半咸水生活。

分布：样品采自福建福州长乐沙滩。

海氏藻属 *Haslea* Simonsen

模式种：*H. ostrearia* (Gaillon) Simonsen

节日海氏藻 *Haslea feriarum* Tiffany et Sterrenburg（图版 26: 1）

Sterrenburg et al. 2015, p. 143, figs 12, 13, 27-32.

壳面具背腹部，不对称，壳端尖圆。壳面长 60.4 μm，宽 12.0 μm；内壳面点条纹纵横排列，10 μm 有 25 条，壳缝双弧形，内壳面端壳缝具喇叭舌，壳面中部具十字节结构。Sterrenburg 等（2015）记载壳面长 70 ～ 90 μm，宽 9 ～ 15 μm；点条纹 10 μm 有 20 ～ 23 条；外壳面点条纹连续。

生态：海水、半咸水生活。

分布：样品采自平潭龙凤头沙滩。青岛也有分布；美国、新西兰、荷兰等地均有记载。

蹄状藻属 *Hippodonta* Lange-Bertalot, Metzeltin et Witkowski

模式种：*H. lueneburgensis* (Grunow) Lange-Bertalot, Metzeltin et Witkowski

甜蹄状藻 *Hippodonta dulcis* (Patrick) Potapova（图版 26：6）

Patrick 1959, p. 102, fig. 7: 7; Potapova 2013, p. 3, figs 4-10; Zhao (赵龙) 2016, p. 36, figs 3: 25-26.

基本异名：*Navicula dulcis* Patrick

　　壳面披针形，壳端尖圆。壳面长 4.5 ～ 7.0 μm，宽 1.8 ～ 2.5 μm。点纹线形；点条纹平行或略放射状排列；点条纹 10 μm 有 22 ～ 26 条；壳缝直，线形，外壳面中央壳缝和端壳缝均膨大，端壳缝略同侧弯曲；壳面中轴区窄，中心区呈现横向长方形，两侧均有一条较短的点条纹；壳面两端具一列点纹围绕。细胞环面观呈长方形，壳环面宽，无点纹分布。Potapova（2013）记载壳面长 7.5 ～ 15.8 μm，宽 2.2 ～ 3.5 μm；点条纹 10 μm 有 14 ～ 17 条。

　　生态：半咸水、淡水生活。

　　分布：样品采自福建平潭龙凤头沙滩。美国得克萨斯州有记载。

福建蹄状藻 *Hippodonta fujiannensis* Zhao, Chen et Gao（图版 26：7，8）

Zhao (赵龙) 2016, p. 31, figs 4: 27-46, 5: 47-54, 6: 55-62, 7: 63-73; Zhao et al. 2017, p. 77, figs 2-36.

　　壳面环面观呈长方形，中部轻微凹陷。细胞单独生活，壳面椭圆披针形至菱形披针形，壳端钝圆或尖圆。壳面长 11 ～ 44 μm，宽 4 ～ 8 μm。点纹线形，10 μm 有 25 ～ 40 个。点条纹放射状排列，10 μm 有 12 ～ 20 条，点条纹从壳面延伸至壳套，且在壳面两侧呈不对称性分布，在壳面一侧，紧靠壳缝点纹与同一条纹中其余点纹呈垂直状态分布，此列点纹呈双排。内壳面点纹具覆盖膜。壳缝直，线形，中央壳缝膨大，端壳缝在较小壳面上同侧略微弯曲，而在较大壳面上强烈弯曲状；内壳面端壳缝具新月形的喇叭舌，延伸至壳端无纹区。中轴区呈窄线形，中心区两侧各有若干条不等长短条纹，横向扩大呈长方形或提琴状。壳端无纹区非常明显，有一列点纹围绕；壳环带宽，光滑。

　　生态：海水生活。

　　分布：该种为作者 2017 年发表的新种，样品采自福建平潭龙凤头沙滩、莆田湄洲湾沙滩、泉州崇武西沙湾沙滩、漳州东山金銮湾沙滩。其他地方未见报道。

蹄状藻未定种 1 *Hippodonta* sp. 1（图版 26：9，10）

　　壳面长椭圆形，壳端钝圆。壳面长 8.5 μm，宽 2.8 μm。点纹线形，点条纹由单排点纹组成，平行排列，壳端稍微会聚，点条纹 10 μm 有 14 ～ 16 条。壳缝直，外壳面中央壳缝简单，端壳缝同侧弯曲，位于无纹区内；内壳面中央壳缝简单，端壳缝具喇叭舌。壳面中轴区窄，中心区横向扩大，未达壳缘。壳端无纹区被一列点纹包围。

生态：海水、半咸水生活。

分布：样品采自福建宁德大京沙滩。

蹄状藻未定种 2 *Hippodonta* sp. 2（图版 26：11）

壳面披针形，壳端尖圆。壳面长 38.5 μm，宽 15.0 μm。点纹线形，点条纹由单排点纹组成，平行排列，壳端稍微会聚，点条纹 10 μm 有 11～12 条。壳缝直，外壳面中央壳缝简单，端壳缝同侧弯曲，位于无纹区内。壳面中轴区窄，不对称，中心区大，未达壳缘。壳端无纹区被两列点纹包围。

生态：海水生活。

分布：样品采自福建泉州崇武西沙湾沙滩。

蹄状藻未定种 3 *Hippodonta* sp. 3（图版 26：2-5）

壳面宽披针形，壳端钝圆。壳面长 12.5～20.0 μm，宽 4.4～4.5 μm。点纹线形，点条纹放射状排列，壳端会聚，10 μm 有 13～14 条。壳缝直，外壳面中央壳缝膨大，端壳缝同侧弯曲，位于无纹区内；内壳面中央壳缝简单，端壳缝具喇叭舌。壳面中轴区窄，中心区中等大小，未达壳缘。壳端无纹区被两列点条纹包围。

生态：海水生活。

分布：样品采自福建漳州南太武沙滩。

微肋藻属 *Microcostatus* Johansen et Sray

模式种：*M. krasskei* (Hustedt) Johansen et Sray

盐生微肋藻 *Microcostatus salinus* Li et Suzuki（图版 27：1）

Li et al. 2016, p. 51, figs 2-19.

壳面椭圆形至长椭圆形，壳端钝圆。壳面长 9.5～14.6 μm，宽 2.5～3.5 μm。壳面具长室孔条纹，被多孔膜覆盖，分布于壳端两侧；条纹放射状，每个条纹由 2 个长室孔组成，条纹 10 μm 有 43 条。壳缝稍微弯曲，外壳面中央壳缝稍微扩大，距离远，端壳缝同侧弯曲。壳面中央大部分被硅质盖片覆盖。Li 等（2016）记载壳面长 6.7～16.6 μm，宽 2.0～3.7 μm；条纹 10 μm 有 41～46 条；外壳面中央壳缝距离远，而内壳面中央壳缝距离较近。

生态：海水、半咸水生活。

分布：该种为中国新记录种，样品采自福建宁德大京沙滩、福州长乐沙滩。该种此前仅在日本有记载。

微肋藻未定种 1 *Microcostatus* sp. 1（图版 27：2）

壳面椭圆形，壳端钝圆。壳面长 4.7 μm，宽 3.2 μm。点纹为长室孔，上有具小孔的膜覆盖，放射状排列，点条纹 10 μm 有 67 条。壳缝直，外壳面中央壳缝略微膨大，端壳缝同侧弯曲。壳面中轴区大，中心区向两侧扩大成扇形。壳缝两侧具凹陷侧区，侧区未达壳端。

生态：海水、半咸水生活。

分布：样品采自福建宁德大京沙滩、厦门海韵台沙滩。

舟形藻属 *Navicula* J.B.M. Bory de St.-Vincent

模式种：*N. tripunctata* (Müller) Bory

阿加莎舟形藻 *Navicula agatkae* Witkowski, Lange-Bertalot et Metzeltin（图版 27：3）
Witkowski et al. 2000, p. 265, figs 146: 1-8.

壳面长椭圆形，壳端延长成喙状。壳面长 17.4 μm，宽 4.0 μm。点纹线形，点条纹平行排列，10 μm 有 19 条。壳缝直，外壳面中央壳缝膨大，端壳缝同侧弯曲至壳套。壳面中轴区窄，多变；壳面具宽的无纹纵线。Witkowski 等（2000）记载壳面长 15.5 ～ 25.5 μm，宽 4.0 ～ 5.5 μm；点条纹 10 μm 有 18 ～ 22 条。

生态：海水生活。

分布：该种为中国新记录种，样品采自福建漳州东山金銮湾沙滩。此前仅在阿曼奎姆沙滩有记载。

厦门舟形藻 *Navicula amoyensis* Gao, Sun et Chen（图版 27：4，5）
Chen et al. 2017, p. 253, figs 1-22.

壳环面矩形，中部凹陷。壳面呈线形、披针形至椭圆披针形，壳端钝圆。壳面长 38 ～ 67 μm，宽 8 ～ 10 μm，长宽比 3.8 ～ 5。点纹线形，10 μm 有 36 ～ 39个；点条纹由单排点纹组成，放射状排列，壳端略微平行排列，贯穿壳面和壳套，10 μm 有 8 ～ 9 条，壳面中部有 4 ～ 6 行较短的点条纹。壳缝直，线形，外壳面中央壳缝连续，端壳缝同侧弯曲，位于无纹区内，未达壳缘，壳端无纹区被 2 行长短不同的点条纹包围；内壳面中央壳缝不连续，有一个硅质加厚的肋状突起，端壳缝具喇叭舌。中轴区窄线形，中心区横向扩大，不对称。壳环带宽，光滑，边缘有梳状结构。

生态：海水、半咸水生活。

分布：该种为作者 2017 年发表的新种，样品采自福建九龙江口南太武沙滩，在泉州崇武西沙湾沙滩也有分布。其他地方未见报道。

方格舟形藻 *Navicula cancellata* Donkin（图版 27：6，7）

Donkin 1871, p. 55, fig. 8: 4; Van Heurck 1896, p. 183, fig. 2: 128; Jin et al.（金德祥等）
1982, p. 152, fig. 413.

壳环面长方形，中部略微凹陷。壳面宽棍形，壳端钝圆，壳面长 21 ~ 24 μm，宽 6.0 ~ 7.5 μm。点纹线形；点条纹由单排点纹组成，放射状排列，点条纹 10 μm 有 12 ~ 14 条。壳缝直，外壳面中央壳缝连续，端壳缝同侧弯曲。壳端具一明显无纹区，被 2 列点条纹包围；内壳面中央壳缝不连续，被一突起硅质肋隔断，端壳缝具喇叭舌。壳面中轴区窄，中心区向两侧扩展，长方形或椭圆形。壳环带宽，无纹。金德祥等（1982）记载方格舟形藻壳面长 55 ~ 86 μm，宽 14 ~ 19 μm。点条纹 10 μm 有 6 ~ 7 条。Lobban 等（2012）记载方格舟形藻壳面长 38 ~ 46 μm，宽 10 μm；点条纹 10 μm 有 7 ~ 8 条。

生态：海水、半咸水生活。

分布：样品采自福建宁德大京沙滩、福州长乐沙滩、莆田湄洲湾沙滩、泉州崇武西沙湾沙滩。辽宁、江苏、浙江、广东等地也有分布；澳大利亚、坦桑尼亚、新西兰等地均有记载。

隐头舟形藻 *Navicula cryptocephala* Kützing（图版 27：8）

Kützing 1844, p. 95, figs 3: 20, 26; Cleve 1895, p. 14; Guettinger 1990, 2, p. 205, fig. 31:
3; Lange-Bertalot 2001, p. 27, figs 17: 1-10, 18: 9-20; Sun（孙琳）2013, p. 91, figs 20:
219-228.

壳面披针形，壳端尖圆或钝圆。壳面长 23.0 μm，宽 6.7 μm。点纹线形；点条纹由单排点纹组成，放射状排列，壳端会聚，10 μm 有 19 ~ 20 条。壳缝直，近中央处略弯曲，外壳面中央壳缝略膨大，端壳缝同侧弯曲至壳套；内壳面中央壳缝直，略弯曲，端壳缝具明显喇叭舌。壳面中轴区窄，中心区向两侧扩大成半圆形或半椭圆形，不对称，未达壳缘。Lange-Bertalot（2001）记载壳面长 20 ~ 40 μm，宽 5 ~ 7 μm；点条纹 10 μm 有 14 ~ 18 条。

生态：海水、半咸水、淡水生活。

分布：样品采自福建漳州南太武沙滩。福建厦门、东山等地也有分布；大西洋有记载。

东山舟形藻 *Navicula dongshanensis* Chen, Gao et Zhuo, sp. nov.（图版 28：1-11）

壳面长披针形，壳端尖圆。壳面长 21 ~ 38 μm，宽 5 ~ 7 μm。点纹线形；点条纹放射状排列，壳端会聚，10 μm 有 13 ~ 14 条。壳缝直，外壳面中央壳缝略弯曲，膨大，端壳缝同侧弯曲，位于无纹区内，端壳缝被一列位于壳套的点条纹围绕；内壳面壳缝位于硅质肋上，中央壳缝略弯曲，端壳缝具明显喇叭舌。壳环面长方形，两端可见壳端无纹区凸起，高于壳面。

生态：海水生活。

分布：样品采自福建漳州东山金銮湾沙滩。

模式标本：图版 28：10，模式标本号 N202008，同模式标本号 NI202008，厦门大学生命科学学院，中国，采集人卓素卿。

群生舟形藻 *Navicula gregaria* Donkin（图版 27：9，10）

Kützing 1844, p. 95, figs 3: 20, 26; Donkin 1861, p. 10, fig. 1: 10; Cholnoky 1963, p. 57, fig. 50; Lange-Bertalot 2001, p. 85, figs 38: 8-18, 64: 4, 71: 4.

同种异名：*N. gregalis* Cholnoky

壳面长椭圆形，壳端延长成喙状。壳面长 12.6 ～ 18.0 μm，宽 4.0 ～ 5.1 μm。点纹线形；点条纹平行排列，10 μm 有 21 条。壳缝直，外壳面中央壳缝同侧弯曲，端壳缝同侧弯曲，弯曲方向与中央壳缝相反；内壳面中央壳缝直，端壳缝具喇叭舌。壳面中轴区窄，中心区不规则，横向扩大，未达壳缘。Lange-Bertalot（2001）记载壳面长 13 ～ 44 μm，宽 5 ～ 10 μm；点条纹 10 μm 有 13 ～ 20 条。

生态：海水、半咸水和淡水生活。

分布：样品采自福建宁德大京沙滩、平潭龙凤头沙滩。该种分布广泛，欧洲和南美洲等地均有记载。

极小舟形藻 *Navicula perminuta* Grunow（图版 27：11，12）

Witkowski et al. 2000, p. 297, figs 125: 12-19; Lange-Bertalot 2001, p. 54, figs 33: 20-27; Busse & Snoeijs 2002, p. 277, figs 11-15, 34-40; Al-Handal & Wulff 2008, p. 66, figs 50, 51, 132, 133; Totti et al. 2009, fig. 5b.

同种异名：*N. cryptocephala* var. *perminuta* (Grunow) Cleve; *N. diserta* Hustedt; *N. hansenii* Møller; *N. mendotia* Van Landingham

壳面长椭圆形，壳端钝圆。壳面长 5.5 ～ 20.0 μm，宽 2 ～ 4 μm。点纹线形，10 μm 有 44 ～ 46 个；点条纹平行排列或略放射状排列，壳端会聚，点条纹 10 μm 有 19 ～ 24 条；壳面中部两侧的一列点条纹短。壳缝直，外壳面中央壳缝膨大，略微同侧弯曲，端壳缝同侧弯曲，与中央壳缝弯曲方向相同，未达壳缘；内壳面中央壳缝同侧弯曲，端壳缝具喇叭舌。壳面中轴区窄，中心区长方形，横向扩大，未达壳缘。程兆第等（1993）记载壳面长 13 μm，宽 3.5 μm；点条纹 10 μm 有 17 条。

生态：海水、半咸水、淡水生活。

分布：样品采自福建漳州南太武沙滩、东山金銮湾沙滩。浙江、福建厦门、广东、海南等地也有分布；欧洲北部、大西洋、北美洲、日本以及南极洲等地均有记载。

似菱形舟形藻 *Navicula perrhombus* Hustedt et Simonsen（图版 29：1，2）

Simonsen 1987, p. 163, figs 262: 7-12; Witkowski et al. 2000, p. 298, figs 141: 24-26.

　　壳面菱形，壳端尖，略有延长。壳面长 16 ～ 30 μm，宽 3.5 ～ 5.4 μm。点纹线形，点条纹放射状排列，10 μm 有 9 ～ 10 条。壳缝轻微弧形，外壳面中央壳缝膨大，端壳缝同侧弯曲；内壳面中央壳缝连续，端壳缝具喇叭舌。壳面中轴区宽，中心区圆形或椭圆形，两侧点条纹较短。Witkowski 等（2000）记载壳面长 16 ～ 25 μm，宽 7 ～ 8 μm；点条纹 10 μm 有 10 ～ 12 条。

　　生态：海水生活。

　　分布：样品采自福建漳州南太武沙滩。台湾有分布；德国有记载。

侧偏舟形藻 *Navicula platyventris* Meister（图版 29：3）

Hohn & Hellerman 1966, p. 118, fig II: 8; Ross & Sims 1978, p. 159, figs 14-19; Cox & Ross 1981, fig. 1; Desianti et al. 2015, p. 93, figs 129-135.

同种异名：*Navicula taraxa* Hohn et Hellerman

　　壳面宽舟形，壳端嘴状或头状缢缩。壳面长 10.0 ～ 14.5 μm，宽 5.0 ～ 6.7 μm。线形点纹，通常两端膨大成 S 形或不规则形，点条纹 10 μm 有 15 ～ 17 条，放射状排列；壳面中部两侧各有一条较短的点条纹。壳缝线形，中央壳缝膨大成水滴状，端壳缝同侧弯曲成钩状，未达壳缘，外有一列点纹包围；中轴区宽，硅质加厚，中心区扩大成近椭圆形。内壳缝细长，无肋状突起，中央壳缝连续，端壳缝具喇叭舌；点纹具覆盖膜。Witkowski 等（2000）记载壳面长 10.5 ～ 13.0 μm，宽 5.0 ～ 6.5 μm；点条纹 10 μm 有 12 ～ 15条。

　　该种与舟形藻属的典型特征有一些不同的地方，如线形点纹末端膨大，外壳面端壳缝未达壳缘，内壳缝中央连续，无肋状突起，其分类地位值得进一步研究。该种容易与 *Navicula retrocurvata* Carte ex Ross et Sims 相混淆，后者已由 Lange-Bertalot 等（1996）修订为 *Hippodonta lesmonensis* (Hustedt) Lange-Bertalot, Metzeltin et Witkowski。

　　生态：海水、半咸水生活。

　　分布：样品采自福建厦门海韵台沙滩、莆田湄洲湾沙滩、漳州东山金銮湾沙滩。深圳等地也有分布；美国佛罗里达、巴尔的摩，地中海等地均有记载。

假疑舟形藻 *Navicula pseudoincerta* Giffen（图版 29：4-6）

Giffen 1970, p. 285, figs 60-62; Cheng et al. (程兆第等) 1993, p. 48, figs 152-153.

　　壳面长椭圆形到宽披针形，壳端钝圆到尖圆。壳面长 9.0 ～ 15.5 μm，宽 3.6 ～ 5.1 μm。点纹线形，10 μm 有 47 ～ 50 个；点条纹平行排列，壳端会聚，10 μm 有 15 ～ 20 条。壳缝直，外壳面中央壳缝膨大，端壳缝同侧弯曲至壳套；内壳面中央壳缝简单，端壳缝具喇叭舌。壳面中轴区窄，中心区向两侧扩大，未达壳缘。程兆第等（1993）记载壳面长 11 ～ 15 μm，宽 3.5 ～ 4.5 μm；点条纹 10 μm 有 17 ～ 19 条。

　　生态：海水生活。

　　分布：样品采自福建漳州南太武沙滩、漳州东山金銮湾沙滩。福建厦门、平潭、三都湾等地也有分布；南非有记载。

威尼舟形藻 *Navicula veneta* Kützing（图版 29：7）

Krammer & Lange-Bertalot 1986, p. 104, figs 32: 1-4; Witkowski et al. 2000, p. 315, figs 125: 40-46.

同种异名：*N. cryptocephala* var. *veneta* (Kützing) Rabenhorst; *N. cryptocephala* var. *subsalina* Hustedt

　　壳面舟形，壳端钝圆。壳面长 15.5 ～ 18.0 μm，宽 4.5 μm。点纹线形，10 μm 有 37 个；点条纹放射状排列，壳端会聚，10 μm 有 17 ～ 20 条。壳缝直，外壳面中央壳缝膨大，端壳缝同侧弯曲至壳套。壳面中轴区窄，中心区长方形，向两侧扩大，未达壳缘。Witkowski 等（2000）记载壳面长 13 ～ 30 μm，宽 5 ～ 6 μm；点纹 10 μm 有 35 个；点条纹 10 μm 有 13 ～ 15 条。

　　生态：海水、半咸水和淡水生活。

　　分布：样品采自福建厦门海韵台沙滩。胶州湾、北部湾、广东、香港等地也有分布；瑞典、意大利、美国等地均有记载。

半舟藻属 *Seminavis* D.G. Mann

　　模式种：*S. gracilenta* (Grunow ex Schmidt) D.G. Mann

东山半舟藻 *Seminavis dongshanensis* Chen, Gao et Zhuo, sp. nov.（图版 29：8-12）

　　壳面背腹部明显，背部凸起，腹部直或略凸。壳面长 9 ～ 10.5 μm，宽 3.9 ～ 4 μm。点纹线形，点条纹放射状排列，背腹部点条纹 10 μm 有 19 ～ 21 条。壳缝直，外壳面中央壳缝向腹部弯曲，端壳缝向背部弯曲，内壳面中央壳缝位于硅质肋上，端壳缝具喇叭舌。壳面中轴区不对称，背部较大，背部中轴区从壳面中部向壳端变窄。壳环带光滑。

　　生态：海水生活。

　　分布：样品采自福建漳州东山金銮湾沙滩。

　　模式标本：图版 29：10，模式标本号 N202009，同模式标本号 NI202009，厦门大学生命科学学院，中国，采集人卓素卿。

简单半舟藻 *Seminavis exigua* Chen, Zhuo et Gao（图版 29：13，14）

Chen et al. 2019, p. 510, figs 2-25.

硅质壳椭圆形，两端圆。壳面半披针形至半菱形，腹部直，背部凸起。壳面长 8～13 μm，宽 2.5～4.0 μm。点纹线形，点条纹平行排列。腹部点条纹只有 1～2 列。背部和腹部点条纹密度相同，10 μm 有 18～25 条。壳缝直，与腹部平行，外壳面中央壳缝向腹部弯曲，端壳缝向背部弯曲。内壳面壳缝位于硅质肋上，端壳缝具小的喇叭舌。外壳面壳端具一列点纹，对应内壳面位置形成一个小室。中轴区不对称，背部宽于腹部。

生态：海水生活。

分布：该种为作者 2019 年发表的新种，样品采自福建泉州崇武西沙湾沙滩。其他地方未见报道。

瘦半舟藻 *Seminavis macilenta* (Gregory) Danielidis et D.G. Mann（图版 30: 1）

Gregory 1857, p. 510, fig. 65; Danielidis & Mann 2002, p. 429, figs 54-68; Jin et al.
　（金德祥等）1991, p. 173, fig. 1318.

基本异名：*Amphora macilenta* Gregory

壳面半披针形，腹部直，背部凸起。壳面长 18～21 μm，宽 3.2～3.5 μm。点纹线形，背部点条纹在壳面中部平行，壳端稍微会聚。腹部点条纹只有一列。背部和腹部点条纹密度相同，10 μm 有 18～20 条。壳缝直，与腹部平行，外壳面中央壳缝向腹部弯曲，端壳缝向背部弯曲。内壳面壳缝位于硅质肋上，端壳缝具小的喇叭舌。外壳面壳端具一列点纹，对应内壳面位置形成一个小室。中轴区不对称，背部宽于腹部。Danielidis 和 Mann（2002）记载壳面长 22.5～42 μm，宽 3.8～5.2 μm；背部点条纹 10 μm 有 11.8～14.2 条，腹部点条纹 10 μm 有 11.8～14.8 条。

生态：海水生活。

分布：样品采自福建泉州崇武西沙湾沙滩。浙江、广东等地也有分布；挪威、瑞典、英国等地均有记载。

粗毛半舟藻 *Seminavis strigosa* (Hustedt) Danielidis et Economou-Amilli（图版 30: 2）

Danielidis & Mann 2003, p. 30, figs 23-32.

基本异名：*Amphora strigosa* Hustedt

壳面背腹部明显，背部凸起，腹部直或略凸起。壳面长 26～31 μm。点纹线形，点条纹通常呈平行排列，靠近壳端背部点条纹略微放射状，腹部点条纹在壳面中部较短，背腹部点条纹 10 μm 有 16～17 条。外壳面端壳缝向背部弯曲，内壳面端壳缝具喇叭舌。壳面中轴区不对称。壳环带光滑，腹部壳环带窄，背部壳环带宽。

生态：海水生活。

分布：样品采自福建漳州东山金銮湾沙滩。常见于大型海藻上，非洲西奈半岛、希腊西部等地均有记载。

斜纹藻科 Pleurosigmataceae Mereschkowsky

脊弯藻属 *Carinasigma* Reid

模式种：*C. angustatum* (Donkin) G. Reid

直边脊弯藻 *Carinasigma rectum* (Donkin) Reid（图版 30：3）

Cleve 1894, p. 119; Boyer 1927, p. 464; Cleve-Euler 1952, p. 16, fig. 1348; Jin et al. (金德祥等) 1982, p. 89, fig. 203.

同种异名：*Gyrosigma rectum* (Donkin) Grunow

　　壳面棍形，壳端尖圆，中部略缢缩。壳面长 84 μm，宽 11 μm。点条纹 10 μm 有 20 条，纵横点条纹数相同；壳缝强烈偏心，呈 S 形，近壳端壳缝几乎与壳缘重合。Cleve（1895）记载壳面长 110 ～ 230 μm，宽 12 ～ 20 μm。

　　生态：海水生活。

　　分布：样品采自福建漳州东山金銮湾沙滩。浙江等地有分布；该种分布广泛，印度尼西亚，澳大利亚，欧洲北海，芬兰，美国佛罗里达等地均有记载。

布纹藻属 *Gyrosigma* Hassall

模式种：*G. hippocampus* (Ehrenberg) Hassall

喙状布纹藻 *Gyrosigma rostratum* Liu, Williams et Huang（图版 30：4）

Liu et al. 2015, p. 254, figs 2-20.

　　壳面宽披针形，壳端喙状延长。壳面长 62 ～ 67 μm，宽 17.0 ～ 17.8 μm。点纹线形，在壳面上呈不规则排列，点条纹平行排列，10 μm 有 21 条。壳缝直，外壳面中央壳缝同侧弯曲，端壳缝偏心，反向弯曲。

　　生态：海水生活。

　　分布：样品采自福建泉州崇武西沙湾沙滩、漳州东山金銮湾沙滩。福建厦门有记载。

海泡藻目 Thalassiophysales D.G. Mann

链形藻科 Catenulaceae Mereschkowsky

双眉藻属 *Amphora* C.G. Ehrenberg ex F.T. Kützing

模式种：*A. ovalis* (Kützing) Kützing

赫勒拿双眉藻 *Amphora helenensis* Giffen（图版 30：5）

Giffen 1973, p. 33, figs 7-9; Witkowski et al. 2000, p. 139, figs 163: 31-33; Li（李朗）
　　2019, p. 63, figs 20: F-H.

　　壳面半月形，壳端尖圆或钝圆，腹部直，背部凸起。壳面长 11～20 μm，宽
3.5～5.0 μm。条纹为长室孔，腹部具一列条纹，较短，10 μm 有 20～24 条；背
部具多列条纹，较长，10 μm 有 21～23 条。条纹在壳面中部平行排列，壳端稍
微放射状，在内壳面具覆盖膜；腹部条纹在内外壳面中央均不连续，背部条纹在
外壳面中央连续，内壳面中央不连续，外壳面中央靠近壳缝的点纹连成一体。壳
缝双弧形，靠近腹缘，外壳面中央壳缝和端壳缝稍微膨大，内壳面中央壳缝具轻
微突起，端壳缝喇叭舌不明显。背部壳环带宽，光滑。李朗（2019）记载壳面长
11～14 μm，宽 3.5～3.7 μm；背部点条纹 10 μm 有 21 条。

　　生态：海水生活。

　　分布：样品采自福建莆田湄洲湾沙滩、泉州崇武西沙湾沙滩、漳州漳浦六鳌沙
滩、东山金銮湾沙滩。该种分布广泛，常见于大型海藻、桡足类和海龟等生物体表。
我国长江口海域、广东、香港、海南等地也有分布；地中海、南非、澳大利亚等地
均有记载。

无边双眉藻 *Amphora immarginata* Nagumo（图版 30：6）

Nagumo 2003, figs 38-42; Wachnicka & Gaiser 2007, p. 429, figs 161, 162; Lobban et
　　al. 2012, p. 298, figs 56: 1-4; Li（李朗）2019, p. 61, figs 19: I-L.

　　壳面具背腹部，腹部直，背部凸起，两端宽圆。壳面长 30.4～37.9 μm，宽 7.3 μm。
外壳面背部条纹为连续的狭缝，放射状排列，10 μm 有 18～19 条；李朗（2019）
记载内壳面背部条纹由椭圆形小孔组成，10 μm 有 20～22 条。腹部点条纹在壳面
中部近平行排列，壳端会聚排列。壳缝双弧形，端壳缝向背部弯曲。Lobban 等（2012）
记载壳面长 29～45 μm，宽 7～11 μm；背部点条纹 10 μm 有 21 条；腹部点条纹
10 μm 有 17 条。

　　生态：海水生活。

　　分布：样品采自福建平潭龙凤头沙滩。该种也发现于大型海藻、桡足类上。厦
门也有分布；日本、美国等地均有记载。

加厚双眉藻 *Amphora incrassata* Giffen（图版 30：7）

Giffen 1984, p. 189, figs 1: 20-22; Cheng et al.（程兆第等）1993, p. 53, figs 22: 176-
　　178; Cheng et al.（程兆第等）2013, p. 128, figs LXXIX: 814, 815; Sun（孙琳）2013, p.
　　152, figs 46: 539-545, Li（李朗）2019, p. 62, figs 20: A-E.

　　壳面半月形，背部中部缢缩，腹部直或略凸出，壳端延长成头状。壳面长
11 μm，宽 3 μm，缢缩处宽 2.5 μm。点纹圆形、不规则形或线形，背部点条纹放

射状排列，10 μm 有 32 条；腹部点条纹由单排点纹组成，放射状排列，10 μm 有 37 条。壳缝轻微弧形，中央壳缝和端壳缝轻微膨大；壳面背部缢缩处有 1 个硅质肋。背部靠近壳缝处有一列单独点条纹，点纹小，与背部其他点条纹之间有一条无纹纵线隔开。李朗（2019）记载壳面长 11.4 ～ 12.3 μm，宽 2.3 ～ 2.6 μm，背部点条纹 10 μm 有 26 ～ 28 条。

生态：海水生活。

分布：样品采自福建泉州崇武西沙湾沙滩。该种也发现于大型海藻、海龟等体表。山东、北部湾、广东、海南等地也有分布；南非、日本等地均有记载。

岛屿双眉藻 *Amphora insulana* Stepanek et Kociolek（图版 30：10-12）
Stepanek & Kociolek 2018, p. 14, figs 5: 13-16, 8: 1-4.

壳面半窄舟形，壳端略延长，壳面背部凸出，腹部略凸或直。壳面长约 30 μm，宽约 5 μm。点纹线形，壳面背部近壳缘处可见两列较长的点条纹，近壳缝处有一列较短的点条纹，10 μm 有 46 ～ 53 条，其余部分不规则分布着一些点纹；腹部点条纹由单排点纹组成，10 μm 有 55 条，点条纹在壳面中部不连续。壳缝直，外壳面中央壳缝向腹部弯曲，端壳缝向背部弯曲；内壳面中央壳缝直，简单，端壳缝具不明显喇叭舌。腹部壳环带具一列线形点条纹。

生态：海水、半咸水生活。

分布：该种为中国新记录种，样品采自福建宁德大京沙滩、福州长乐沙滩、平潭龙凤头沙滩、莆田湄洲湾沙滩、漳州东山金銮湾沙滩。美国佛罗里达等地有记载。

乔氏双眉藻 *Amphora jostesorum* Witkowski, Lange-Bertalot et Metzeltin（图版 30：8，9）
Witkowski et al. 2000, p. 141, figs 171: 1-9.

硅质壳长椭圆形或椭圆形，壳面背腹部明显，背部直或凸起，腹部略凸。壳面长 13.6 ～ 27.4 μm，宽 3.8 ～ 4.5 μm。点纹小，圆形；点条纹由单排点纹组成，略放射状排列，背部点条纹 10 μm 有 33 ～ 38 条，腹部点条纹 10 μm 有 60 ～ 66 条。壳缝双弧形，外壳面中央壳缝简单，端壳缝向背部弯曲，内壳面中央壳缝略向背部弯曲，端壳缝具明显喇叭舌。壳面中轴区窄，中心区小。Witkowski 等（2000）记载壳面长 13.6 ～ 27.4 μm，宽 3.8 ～ 4.5 μm；点条纹 10 μm 有 43 条。

生态：海水生活。

分布：该种为中国新记录种，样品采自福建漳州东山金銮湾沙滩。美国密西西比三角洲和阿曼等地均有记载。

测微双眉藻 *Amphora micrometra* Giffen（图版 31：1）

Giffen 1966, p. 253, figs 16-17; Archibald 1983, p. 50, figs 8-12, 123-125, 502-503; Cheng et al. (程兆第等) 1993, p. 53, figs 181-184; Acs et al. 2011, p. 199, figs 1-35.

壳面半月形，壳端钝圆。壳面长 5～6 μm，宽 1.3～1.7 μm。壳面条纹具长室孔，背部条纹放射状，10 μm 有 40～42 条，腹部条纹平行或略微放射状，10 μm 有 62～66 条。壳缝直，简单，端壳缝向背部弯曲。中轴区较宽。壳环带具点条纹。Acs 等（2011）记载壳面长 7～12 μm，宽 2.0～2.5 μm。背部条纹 10 μm 有 44～52 条，腹部条纹 10 μm 有 50～68 条。

生态：海水、半咸水和淡水生活。

分布：样品采自福建泉州崇武西沙湾沙滩、厦门海韵台沙滩；南非、里海、波罗的海、非洲淡水湖等地均有记载。

双眉藻未定种 1 *Amphora* sp. 1（图版 31：2）

硅质壳椭圆形，壳端延长。壳面背腹部明显，背部凸起，腹部直或略凸。壳面长 12.5 μm，宽 3.0 μm。背部点纹线形，稍微放射状排列，未达壳缘，10 μm 有 28～30 条。腹部点条纹不明显。壳缝直，外壳面中央壳缝和端壳缝向背部弯曲。壳面中轴区宽，与腹部点条纹之间有宽的无纹区。

生态：海水生活。

分布：样品采自福建漳州漳浦六鳌沙滩。

管壳缝硅藻 Canal raphid diatoms

硅藻目Bacillariales Hendey

硅藻科 Bacillariaceae Ehrenberg

菱板藻属 *Hantzschia* Grunow

模式种：*H. amphioxys* (Ehrenberg) Grunow

显点菱板藻 *Hantzschia distinctepunctata* Hustedt（图版 31：3）

Schmidt 1874-1959, figs 324: 21, 22; Hustedt 1937-1939, p. 462, fig. 4; Garcia-Baptista 1993, p. 31, figs 2-10, 12-26.

同种异名：*Hantzschia amphioxys* var. *distinctepunctata* Hustedt

壳面具背腹部，背部略凸，腹部直或略凸，壳端延长成喙状。壳面长 65.0 μm，宽 6.6 μm。点纹圆形，点条纹由单排点纹组成，平行排列，10 μm 有 10 条。船骨点在外壳面延长成横向肋，贯穿整个壳面。Krammer 和 Lange-Bertalot（1988）

记载壳面长 40 ～ 85 μm，宽 5.0 ～ 8.5 μm；点条纹 10 μm 有 8.5 ～ 18.0 条。

　　生态：海水、半咸水生活。

　　分布：样品采自福建漳州南太武沙滩。台湾有分布；巴西有记载。

海洋菱板藻 *Hantzschia marina* (Donk.) Grunow（图版 31：4-7）

Grunow 1880, p. 105; Van Heurck 1896, p. 382, fig. 15: 489b; Jin et al.（金德祥等）1982, p. 207, figs 55: 638-641.

基本异名：*Epithemia marina* Donk.

　　壳面具明显背腹部，背部略凸起，腹部直，壳端延长成嘴状。壳面长 46 ～ 59 μm，宽 5.4 ～ 6.6 μm。点纹由 C 形纹和几个圆形孔纹组成；点条纹由 2 ～ 3 行点纹组成，交错平行排列，10 μm 有 7 ～ 8 条。壳缝直，简单，外壳面端壳缝稍微向背部弯曲，内壳面中央壳缝和端壳缝简单。壳面中央两个船骨点之间较宽，其余壳面部分船骨点之间距离相等，船骨点在外壳面延长成横向肋，贯穿整个壳面，船骨点 10 μm 有 7 ～ 8 个。壳环带具 2 列圆形点纹。金德祥等（1982）记载壳面长 106 μm，船骨点 10 μm 有 4 ～ 6 个，点条纹 10 μm 有 12 条。

　　生态：海水、半咸水生活。

　　分布：样品采自福建福州长乐沙滩、平潭龙凤头沙滩。福建龙海也有分布；北美大西洋沿岸和欧洲北海等地均有记载。

直菱板藻 *Hantzschia virgata* (Roper) Grunow（图版 31：8，9）

Grunow 1880, p. 104; Van Heurck 1806, p. 381, fig. 15: 488b; Jin et al.（金德祥等）1982, p. 207, figs 642, 643.

同种异名：*Hantzschia virgata* var. *intermedia* (Grunow) Round; *Hantzschia wittii* Grunow

　　壳面具明显背腹部，背部中央凹，腹部直或略凸出，壳端尖圆。壳面长 77 μm，宽 8 ～ 9 μm。点纹圆形，10 μm 有 24 个；点条纹由单排点纹组成，平行排列，10 μm 有 13 ～ 14 条。内壳面中央壳缝具中节。壳面船骨点之间距离不等长，船骨点在内壳面延长成横向肋，壳面中部横向肋较短，两端较长，船骨点 10 μm 有 5 ～ 6 个。壳环带具多列圆形点纹。Garcia-Baptista（1993）记载壳面长 75 ～ 101 μm，宽 8 μm，点条纹 10 μm 有 12 ～ 14 条，船骨点 10 μm 有 3 ～ 5 个。

　　生态：海水、半咸水和淡水生活。

　　分布：样品采自福建福州长乐沙滩、平潭龙凤头沙滩。福建厦门、东山等地也有分布；北美太平洋沿岸、法国、英国等地均有记载。

菱形藻属 *Nitzschia* A.H. Hassall

　　模式种：*N. sigmoidea* (Nitzsch) W. Smith

亚历山大菱形藻 *Nitzschia alexandrina* (Cholnoky) Lange-Bertalot et Simonsen（图版 32：1，2）

Coste & Ricard 1981, p. 192, figs 1: 6, 3:36; Cheng et al. (程兆第等) 1993, p. 69, fig. 31: 260.

　　壳面长椭圆形，壳端宽圆，不延长。壳面长 9.5 ～ 9.8 μm，宽 2.2 ～ 2.7 μm。点条纹平行排列，10 μm 有 53 ～ 56 个；管壳缝偏心，位于壳缘，船骨点均匀排列，10 μm 有 16 个。

　　生态：半咸水和海水生活。

　　分布：样品采自福建漳州漳浦六鳌沙滩。福建厦门、海南等地也有分布；奥地利、德国及南非等地均有记载。

可爱菱形藻 *Nitzschia amabilis* (Hustedt) Suzuki（图版 32：3，4）

Hustedt 1939, p. 662, figs 116-118; Lange-Bertalot & Simonsen 1978, p. 39, figs 80-82; Archibald 1983, p. 268, figs 398-400; Lee & Reimer 1984, p. 343, fig. 24; Simonsen 1987, p. 261, figs 385: 10-18; Krammer & Lange-Bertalot 1988, p. 72, fig. 65; Zhao (赵东海) 2005, p. 53-54, fig. 9: 9; Li (李扬) 2006, p. 284, fig. 21: 361; Sun (孙琳) 2013, p. 242, figs 84: 968-973.

同种异名：*Nitzschia laevis* Hustedt

　　壳面椭圆形至长椭圆形，壳面中部略缢缩，壳端呈楔形，略嘴状。壳面长 9 ～ 20 μm，宽 3 ～ 6 μm。点条纹由单排点纹组成，光镜下几乎不可见，平行排列，10 μm 内有 32 ～ 48 条。管壳缝偏心，位于壳缘，中央壳缝不连续，端壳缝同侧弯曲；船骨点排列不规则，10 μm 有 10 ～ 12 个，中央船骨点距离较远，中部可见中节。Krammer 和 Lange-Bertalot（1988）记录壳面长为 12.0 ～ 26.5 μm，宽为 4.4 ～ 7.0 μm；船骨点 10 μm 有 10 ～ 14 个。

　　生态：海水、半咸水生活。

　　分布：样品采自福建宁德大京沙滩、泉州崇武西沙湾沙滩、厦门海韵台沙滩、漳州东山金銮湾沙滩。本种分布广泛，广东、海南、北部湾等地也有分布；德国和南非等地均有记载。

分散菱形藻 *Nitzschia dissipata* (Kützing) Rabenhorst（图版 32：5）

Jin et al. (金德祥等) 1992, p. 238, fig. 118: 1537; Wang (王全喜) 2018, p. 17, figs VI: 1-4, VII: 1-4; Li (李朗) 2019, p. figs 50: E-H.

基本异名：*Synedra dissipata* Kützing

同种异名：*Nitzschia palea* f. *dissipata* (Kützing) Rabenhorst; *Homoeocladia dissipata* (Kützing) Kuntze; *Nitzschia palea* var. *dissipata* (Kützing) Schönfeldt.

　　壳面线形至披针形，壳端延长呈喙状。壳面长 12 ～ 60 μm，宽 2.0 ～ 5.0 μm。

点纹小，圆，点条纹平行排列，10 μm 有 43 条。管壳缝位于壳面中部，外壳面上有盖片覆盖，船骨点大小不一，10 μm 有 7 个。Lobban 等（2012）记载壳面长 35～52 μm，宽 5.0 μm；点条纹 10 μm 有 52 条，船骨点 10 μm 有 5～6 个。

生态：海水、半咸水、淡水生活。

分布：样品采自福建泉州崇武西沙湾沙滩。该种分布广泛，常见于大型海藻、海洋桡足类、绿海龟和玳瑁等体表。黄海北部、山东、厦门、海南等地也有分布；澳大利亚等地有记载。

碎片菱形藻 *Nitzschia frustulum* (Kützing) Grunow（图版 32：6）

Grunow, 1880, p. 98; Jin et al. (金德祥等) 1982, p. 225, 61: 752-756; Cheng et al. (程兆第等) 1993, p. 71, 32: 272-276; Wang (王全喜) 2018, p. 45, XXV: 48-54; Li (李朗) 2019, p. 114, figs 52: D-F.

基本异名：*Synedra frustulum* Kützing

同种异名：*Homoeocladia frustulum* (Kützing) Kuntze

壳面披针形、线披针形或长椭圆形，壳端钝圆。壳面长 5.6～7.0 μm，宽 2.4～2.9 μm；点条纹由单排点纹组成，平行或略放射状排列，10 μm 有 31～34 条；壳缝偏心，中央壳缝不连续，端壳缝同侧弯曲，船骨点 10 μm 有 15 个，中间两个相距较宽，具中节。

生态：海水、半咸水、淡水生活。

分布：样品采自福建宁德大京沙滩、泉州崇武西沙湾沙滩、漳州东山金銮湾沙滩。该种广泛分布，山东、福建、海南等地也有分布；欧洲、大洋洲、非洲等地均有记载。

小菱形藻 *Nitzschia parvula* Smith（图版 32：7-9）

Smith 1853, p. 41, fig. 31: 267; Lange-Bertalot & Simonsen 1978, p. 42, figs 54-57; Witkowski et al. 2004, p. 582, figs 7-9.

同种异名：*Homoeocladia parvula* (W. Smith) Kuntze

壳面宽披针形，中部缢缩，壳端延长成窄喙状。壳面长 28～30 μm，宽 6～6.1 μm。点纹线形，横向排列；点条纹由单排点纹组成，平行排列，壳端放射状排列，10 μm 有 30～35 个。壳面中部具一个大的无纹纵槽。管壳缝偏心，船骨点明显，10 μm 有 12～13 个，中央船骨点距离较远，中部可见中节。壳环面可见具管壳缝一侧壳面具较深的壳套，上有 2 列点条纹。Witkowski 等（2004）记载壳面长 30～50 μm，宽 4.6～6.5 μm；点条纹 10 μm 有 24～27 条；船骨点 10 μm 有 9～14 个。

生态：海水、半咸水生活。

分布：样品采自福建宁德大京沙滩。英国，欧洲北海、波罗的海等地均有记载。

罗氏菱形藻 Nitzschia rosenstockii Lange-Bertalot（图版 33：1，2）

Lange-Bertalot 1980, p. 52, figs 30-33, 133-136; Krammer & Lange-Bertalot 1988, p. 116, figs 17-20A; Cheng et al. (程兆第等) 1993, p. 74, fig. 33: 288.

　　壳面宽披针形,壳端延长成喙状。壳面长 17 ～ 21 μm,宽 8 ～ 9 μm。点纹圆形,小; 点条纹平行排列, 10 μm 有 41 条,壳面中部点条纹经常不连续。管壳缝偏心,位于壳缘, 船骨点均匀分布, 10 μm 有 13 个。Krammer 和 Lange-Bertalot（1988）记载壳面长 8 ～ 16 μm, 宽 3 ～ 4 μm。

　　生态：海水生活。

　　分布：样品采自泉州崇武西沙湾沙滩。厦门有分布；意大利有记载。

亚披针菱形藻 Nitzschia sublanceolata Archibald（图版 33：3，4）

Archibald 1983, p. 295, figs 66-67, 435-437; Witkowski et al. 2000, p. 406.

　　壳面宽舟形,壳端延长成喙状。壳面长 18 ～ 20 μm, 宽 4.5 ～ 6.0 μm。点条纹细弱, 光镜下几乎不可见, 由单排点纹组成, 平行排列, 10 μm 内有 45 ～ 50 条,点条纹之间具肋状突起。管壳缝偏心, 靠近壳缘, 壳缝位于船骨突上, 中央壳缝不连续; 船骨点排列不规则, 10 μm 有 8 ～ 13 个, 中央 2 个船骨点较宽, 中部可见中节。Witkowski 等（2000）记录壳面长 23.0 ～ 26.5 μm, 宽 4 ～ 5 μm。船骨点 10 μm 有 9 ～ 10 个; 点条纹 10 μm 内有 42 ～ 43 条。

　　生态：海水、半咸水生活。

　　分布：样品采自福建泉州崇武西沙湾沙滩、厦门黄厝湾沙滩。浙江等地有分布; 南非等地有记载。

粗条菱形藻 Nitzschia valdestriata Aleem et Hustedt（图版 33：5）

Aleem & Hustedt 1951, p. 19, figs 5a-b; Van Landingham 1967-1979, p. 3133; Lange-Bertalot & Simonsen 1978, p. 58, figs 254-259, 271, 272; Carter 1981, p. 597, figs 16: 16, 17; Cheng et al. (程兆第等) 1993, p. 76, figs 34: 291-298; Li et al. (李扬等) 2005, p. 288, fig. 22: 372; Sun (孙琳) 2013, p. 257, figs 92: 1076-1081.

　　壳面呈线椭圆形,壳端钝圆。壳面长 7.0 ～ 13.7 μm,宽 2.5 ～ 2.6 μm。点纹小,圆形; 点条纹由 2 ～ 3 排点纹组成, 平行排列, 10 μm 有 28 ～ 33 条,点条纹之间具横肋纹, 10 μm 有 14 ～ 17 个。管壳缝偏心, 船骨点排列不均匀, 10 μm 有 6 ～ 11 个,内壳面中央壳缝之间具明显的中节。程兆第等（1993）记载壳面长 2.7 ～ 14 μm,宽 2 ～ 3 μm; 船骨点 10 μm 有 15 个; 横肋纹 10 μm 有 15 个。

　　生态：海水、半咸水、淡水生活。

　　分布：样品采自福建厦门海韵台沙滩、莆田湄洲湾沙滩。福建泉州、北部湾等地也有分布; 英国布莱顿等地有记载。

滚棒形菱形藻 *Nitzschia volvendirostrata* Ashworth, Dabek et Witkowski（图版 33:6,7）

Witkowski et al. 2016, p. 166, figs 13a-e.

　　壳环面长方形，单个生活。壳面线形至线披针形，壳端圆形，延长成喙状。壳面长 13.0 ～ 14.5 μm，宽 3 ～ 4 μm。点条纹平行排列，10 μm 有 49 ～ 54 条。管壳缝位于壳面中央；壳缝位于具盖片的船骨突上，中央壳缝连续，端壳缝同侧弯曲，壳端盖片上有多列点纹；船骨点分布不规则，10 μm 有 6 ～ 8 条；船骨突两侧具一列点纹；管壳缝与内壳面点条纹之间具 2 列无纹纵线，宽度与盖片相同。Witkowski 等（2016）记载壳面长 7.0 ～ 11.5 μm，宽 3.0 ～ 3.5 μm；船骨点 10 μm 有 8 ～ 9 条。

　　生态：海水、半咸水生活。

　　分布：样品采自福建福州长乐沙滩、泉州崇武西沙湾沙滩、厦门海韵台沙滩、漳州东山金銮湾沙滩。该种分布广泛，黄海也有分布；印度洋和红海等地均有记载。

沙网藻属 *Psammodictyon* D.G. Mann

　　模式种：*P. panduriforme* (Gregory) D.G. Mann

缢缩沙网藻 *Psammodictyon constrictum* (Gregory) D.G. Mann（图版 33: 8）

Grunow 1880, p. 71; Jin et al. (金德祥等) 1982, p. 212, figs 56: 672, 673; Round et al.
　1990, p. 676; Cheng et al. (程兆第等) 1993, p. 70, figs 31: 263, 264; Li (李扬) 2006,
　p. 282, fig. 21: 355; Lobban et al 2012, p. 301, figs 59: 6-8; Sun (孙琳) 2013, p. 234,
　figs 78: 901, 902, 79: 903, 904; Zhao (赵龙) 2016, p. 92, figs 29: 241-243.

基本异名：*Tryblionella constricta* Gregory

同种异名：*Nitzschia constricta* (Gregory) Grunow

　　壳面宽椭圆形，中部缢缩，两端钝圆。壳面长 17 ～ 21 μm，宽 8 ～ 9 μm。点纹圆形或扁圆形；点条纹平行排列，10 μm 有 20 ～ 21 个。船骨点 10 μm 有 13 个。壳面无纵槽，波浪状起伏。该种与 *Nitzschia constricta* (Kützing) Ralfs 不同，两种形态差异大。Lobban 等（2012）记载壳面长 12 μm，宽 6 μm；点条纹 10 μm 有 22 个。

　　生态：海水生活。

　　分布：样品采自福建漳州南太武沙滩。该种常见于大型海藻、海洋动物等体表，分布广泛。黄海、北部湾、广东、香港、海南等地也有分布；澳大利亚、关岛等地均有记载。

琴式沙网藻微小变种 *Psammodictyon panduriforme* var. *minor* (Grunow) Haworth et Kelly（图版 33: 9, 10）

Grunow 1880, p. 71; Haworth & Kelly 2002, p. 6; Jin et al. (金德祥等) 1982, p. 211,
　figs 56: 670, 671; Cheng et al. (程兆第等) 1993, p. 73, fig. 33: 284; Li (李朗) 2019, p.

119, fig. 55: E.

基本异名：*Nitzschia panduriformis* var. *minor* Grunow

　　壳面宽椭圆形，中部缢缩，端部稍微延长成楔形或近喙状。壳面长 24 ～ 40 μm，宽 8.0 ～ 14.5 μm。点条纹平行排列，10 μm 有 18 ～ 19 条。管壳缝偏心，船骨点不明显，10 μm 有 9 ～ 12 个。壳面上分布有 1 条明显的无纹纵槽。金德祥等（1982）记载壳面长 14 ～ 40 μm，宽 7 ～ 16 μm。

　　生态：海水生活。

　　分布：样品采自福建泉州崇武西沙湾沙滩、漳州南太武沙滩。该种常见于大型海藻体表，分布广泛。福建东山等地有分布；法国、澳大利亚等地均有记载。

西蒙森藻属 *Simonsenia* Lange-Bertalot

　　模式种：*S. delognei* (Grunow) Lange-Bertalot

德洛西蒙森藻 *Simonsenia delognei* (Grunow) Lange-Bertalot（图版 33：11）

Witkowski et al. 2014, p. 393, figs 2: a-i.

基本异名：*Nitzschia delognei* Grunow

同种异名：*Nitzschia atomus* Hustedt; *Nitzschia chasei* Cholnoky

　　壳面披针形，壳端尖圆。壳面长 11.6 μm，宽 1.8 μm。壳面具船骨突和横肋纹，横肋纹 10 μm 有 18 条。Witkowski 等（2014）记载壳面长 8.82 ～ 15.68 μm，宽 1.20 ～ 1.96 μm；横肋纹 10 μm 有 17 ～ 21 条。

　　生态：海水、半咸水、淡水生活。

　　分布：样品采自福建泉州崇武西沙湾沙滩。贵州也有分布；波兰、捷克等地均有记载。

新种英文描述
（中文描述见正文）

厦门井字藻 *Eunotogramma amoyensis* Chen, Gao et Zhuo, sp. nov. (Plate 3: 1-11)

Description

Valves are arcuate with round apices and central inflation; Length 9-12 μm and width 2.5-2.7 μm. Areolae are round, 55 in 10 μm. Each valve has 2-3 transapical costae. A small rimoportula opening is located on the dorsal valve mantle. The cingulum consists of several poroid copulae.

Holotype

Slide N202001, School of Life Sciences, Xiamen University, Xiamen, People' Republic of China. Holotype specimen is illustrated in Plate 3: 8.

Isotype

Slide NI202001, School of Life Sciences, Xiamen University, Xiamen, People' Republic of China.

Type locality

Sandy beach in Xiamen City, Fujian Province, China. Collector Suqing Zhuo.

Etymology

The species name "*amoyensis*" refers to Xiamen City.

滨海玻璃藻 *Hyaloneis litoralis* Chen, Gao, Zhuo et Wang, sp. nov. (Plate 8: 1-3, 7-9)

Description

Valves are linear or linear-elliptical with rounded poles. Length 6.5-8.0 μm and width 1.5-2.5 μm. The valve face is hyaline. At each valve end an apical pore field is present on the valve mantle which is compose of several rows of areolae. The cingulum is composed of several hyaline copulae. Areolae, rimoportulae, costae, spines, pseudosepta is absent in the valve face.

Holotype

Slide N202002, School of Life Sciences, Xiamen University, Xiamen, People'
Republic of China. Holotype specimen is illustrated in Plate 8: 8.

Isotype

Slide NI202002, School of Life Sciences, Xiamen University, Xiamen, People'
Republic of China.

Type locality

Sandy beach in Ningde City, Quanzhou City and Zhangzhou City, Fujian Province,
China. Collector Suqing Zhuo and Zhen Wang.

Etymology

The species name "*litoralis*" refers to coastal areas where the species occur.

小型拟玻璃藻 *Pravifusus minor* Chen, Gao, Wang et Zhuo, sp. nov. (Plate 8: 4-6, 10-12)

Description

Valves are linear or broadly linear with inflated central valve margin and round or
slightly constricted apices, length 9-11 μm and width 1.4-3.1 μm. The valves are hyaline
with spines at the valve-mantle junction, 22-26 in 10 μm. At each valve end an apical
pore field is present on the valve mantle which is compose of several rows of areolae.
The cingulum is composed of several hyaline copulae.

Holotype

Slide N202003, School of Life Sciences, Xiamen University, Xiamen, People'
Republic of China. Holotype specimen is illustrated in Plate 8: 11.

Isotype

Slide NI202003, School of Life Sciences, Xiamen University, Xiamen, People'
Republic of China.

Type locality

Sandy beach in Putian City, Quanzhou City and Zhangzhou City, Fujian Province,
China. Collector Suqing Zhuo and Zhen Wang.

Etymology

The species name "*minor*" refers to small size of the frustule.

密具槽藻 *Delphineis densa* Chen, Gao et Wang, sp. nov. (Plate 11: 6, 7, 10, 11)

Description

Valves are broadly elliptical, length 10-15 μm and width 5.5-7.8 μm. Transapical striae in the middle parallel and radiate towards apices, 18-21 in 10 μm. Sternum is broad and distinct. At each apice there are two small pores located at the end of the sternum. Rimoportulae is present.

Holotype

Slide N202004, School of Life Sciences, Xiamen University, Xiamen, People' Republic of China. Holotype specimen is illustrated in Plate 11: 11.

Isotype

Slide NI202004, School of Life Sciences, Xiamen University, Xiamen, People' Republic of China.

Type locality

Sandy beach in Pingtan City, Fujian Province, China. Collector Zhen Wang.

Etymology

The species name "*densa*" refers to dense striae.

中华灯台藻 *Diplomenora sinensis* Chen, Gao et Zhuo, sp. nov. (Plate 11: 1-5, 8-9)

Description

Valves are circular to elliptical, length 10-18 μm and width 8-15 μm. The areolae are occluded by rotae and suspended by two pegs near the outer face, 14-18 in 10 μm. Striae radiate with more and small areolae at the poles, 15-21 in 10 μm. Sternum is narrow and indistinct. 1-2 rimoportulae is located near the margin.

Holotype

Slide N202005, School of Life Sciences, Xiamen University, Xiamen, People' Republic of China. Holotype specimen is illustrated in Plate 11: 9.

Isotype

Slide NI202005, School of Life Sciences, Xiamen University, Xiamen, People' Republic of China.

Type locality

Sandy beach in Zhangzhou City, Fujian Province, China. Collector Suqing Zhuo.

Etymology

The species name "*sinensis*" refers to China.

沙裂节藻 *Schizostauron arenaria* Chen, Gao et Zhuo, sp. nov. (Plate 16: 1-11)

Description

Valves are linear-elliptical with produced obtusely rounded apices, length 20-27 μm, width 9-12 μm. Sternum valve: transapical striae parallel in the middle of the valve, becoming slightly radiate toward the apices, 13-16 in 10 μm. Sternum is narrow and slightly lanceolate. Raphe valve: transapical striae radiate though the whole valve, 36 in 10 μm. Axial area is narrow, and central area is round and small.

Holotype

Slide N202006, School of Life Sciences, Xiamen University, Xiamen, People' Republic of China. Holotype specimen is illustrated in Plate 16: 9.

Isotype

Slide NI202006, School of Life Sciences, Xiamen University, Xiamen, People' Republic of China.

Type locality

Sandy beach in Quanzhou City, Fujian Province, China. Collector Suqing Zhuo.

Etymology

The species name "*arenaria*" refers to sand beach.

厦门海生双眉藻 *Halamphora amoyensis* Chen, Zhuo et Gao, sp. nov. (Plate 24: 5-9)

Description

Frustules are linear-elliptical with slightly produced apices. Valves are dorsal-ventral, with convex ventral margin and straight or slight concave dorsal margin, length 14-24 μm, width 3.0-3.8 μm. Striae in ventral side is uniseriate and becoming biseriate near the raphe, 25-31 in 10 μm. Tranapical striae in dorsal side is uniseriate and parallel though the valve, 38-47 in 10 μm. Raphe is straight with external central ending bented to ventral side and slightly curved external terminal ending.

Holotype

Slide N202007, School of Life Sciences, Xiamen University, Xiamen, People' Republic of China. Holotype specimen is illustrated in Plate 24: 8.

Isotype

Slide NI202007, School of Life Sciences, Xiamen University, Xiamen, People' Republic of China.

Type locality

Sandy beach in Fuzhou City and Pingtan City, Fujian Province, China. Collector Suqing Zhuo and Zhen Wang.

Etymology

The species name "*amoyensis*" refers to Xiamen City.

东山舟形藻 *Navicula dongshanensis* Chen, Gao et Zhuo, sp. nov. (Plate 28: 1-11)

Description

Valves are linear-lanceolate with acutely rounded apices, length 21-38 μm, width 5-7 μm. Lineolae is linear or slitlike, striae radiate in the middle of the valve and becoming convergent at the poles, 13-14 in 10 μm. Raphe is straight with slightly curved and enlarged external central ending and bented external terminal ending, internal central raphe ending bent and internal terminal raphe end in helictoglossae. Axial area is narrow and central area is moderate. One row of apical areolae surround the valve apex, positioned on apical valve mantle.

Holotype

Slide N202008, School of Life Sciences, Xiamen University, Xiamen, People' Republic of China. Holotype specimen is illustrated in Plate 28: 10.

Isotype

Slide NI202008, School of Life Sciences, Xiamen University, Xiamen, People' Republic of China.

Type locality

Sandy beach in Zhangzhou City, Fujian Province, China. Collector Suqing Zhuo.

Etymology

The species name "*dongshanensis*" refers to Dongshan island.

东山半舟藻 *Seminavis dongshanensis* Chen, Gao et Zhuo, sp. nov. (Plate 29: 8-12)

Description

Valves are dorsal-ventral with convex ventral margine and straight or slight concave dorsal margine, length 9-10.5 μm, width 3.9-4 μm. Lineolae is linear or slitlike, striae radiate through the ventral side, 19-21 in 10 μm. Raphe is straight with external central ending curved to dorsal side and curved external terminal ending, internal central raphe ending is simple and internal terminal raphe end in helictoglossae. Axial area is broad in ventral side and narrow in dorsal side.

Holotype

Slide N202009, School of Life Sciences, Xiamen University, Xiamen, People' Republic of China. Holotype specimen is illustrated in Plate 29: 10.

Isotype

Slide NI202009, School of Life Sciences, Xiamen University, Xiamen, People' Republic of China.

Type locality

Sandy beach in Zhangzhou City, Fujian Province, China. Collector Suqing Zhuo.

Etymology

The species name "*dongshanensis*" refers to Dongshan island.

参 考 文 献

程兆第, 高亚辉, 刘师成. 1993. 福建沿岸微型硅藻. 北京: 海洋出版社.

程兆第, 高亚辉, 刘师成, 等. 2012. 中国海藻志 第五卷 硅藻门 第二册 羽纹纲 第 I 分册 等片藻目 曲壳藻目 褐指藻目 短缝藻目. 北京: 科学出版社.

程兆第, 高亚辉, 刘师成, 等. 2013. 中国海藻志 第五卷 硅藻门 第二册 羽纹纲 第 II 分册 舟形藻目 舟形藻科 桥弯藻科 耳形藻科 异极藻科. 北京: 科学出版社.

郭玉洁, 钱树本. 2003. 中国海藻志 第五卷 硅藻门 第一册 中心纲. 北京: 科学出版社.

黄宗国, 林茂. 2012. 中国海洋物种多样性 (上册). 北京: 海洋出版社.

金德祥, 程兆第, 林均民, 等. 1982. 中国海洋底栖硅藻类 (上卷). 北京: 海洋出版社.

金德祥, 程兆第, 刘师成, 等. 1991. 中国海洋底栖硅藻类 (下卷). 北京: 海洋出版社.

李冠国, 范振刚. 2004. 海洋生态学. 北京: 高等教育出版社.

李家英, 齐雨藻. 2010. 中国淡水藻志 第十四卷 硅藻门 舟形藻科 (I). 北京: 科学出版社.

李家英, 齐雨藻. 2014. 中国淡水藻志 第十九卷 硅藻门 舟形藻科 (II). 北京: 科学出版社.

李家英, 齐雨藻. 2018. 中国淡水藻志 第二十三卷 硅藻门 舟形藻科 (III). 北京: 科学出版社.

李朗. 2019. 中国近海典型生物基质上表生硅藻的分类学与生态学研究. 厦门: 厦门大学博士学位论文 .

李宇航, 陈万东, 蔡厚才, 等. 2017. 南麂列岛砂质潮间带底栖硅藻多样性与群落结构的时空变化. 生物多样性, 25 (9): 981-989.

齐雨藻. 1995. 中国淡水藻志 第四卷 硅藻门 中心纲. 北京: 科学出版社.

齐雨藻. 2004. 中国淡水藻志 第十卷 硅藻门 无壳缝目 拟壳缝. 北京: 科学出版社.

孙琳. 2013. 中国东南沿海常见羽纹纲硅藻分类学和生态学研究. 厦门: 厦门大学博士学位论文.

王全喜. 2018. 中国淡水藻志 第二十二卷 硅藻门 管壳缝目. 北京: 科学出版社.

吴正, 黄山, 胡守真, 等. 1995. 华南海岸风沙地貌研究. 北京: 科学出版社.

赵龙. 2016. 中国沿海常见沙生境硅藻的分类学与生态学研究. 厦门: 厦门大学博士学位论文.

赵龙, 孙建东, 高亚辉, 等. 2017. 沙生环境中的 3 个海洋硅藻中国新记录种. 厦门大学学报 (自然科学版), 5(2): 194-198.

Ács É, Ector L, Kiss KT, et al. 2011. Morphological observations and emended description of *Amphora micrometra* from the Bolivian Altiplano, South America. Diatom Research, 26(2): 199-212.

Al-Handal AY, Wulff A. 2008. Marine epiphytic diatoms from the shallow sublittoral zone in Potter Cove, King George Island, Antarctica. Botanica Marina, 51(5): 411-435.

Álvarez-Blanco I, Blanco S. 2014. Benthic diatoms from Mediterranean coasts. Bibliotheca Diatomologica, 60: 1-409.

Amspoke MC. 2016. *Eunotogramma litorale* sp. nov., a marine epipsammic diatom from Southern California, USA. Diatom Research, 31(4): 389-395.

Amspoker MC. 2008. Transfer of the marine diatom *Dimerogramma hyalinum* Hustedt to the new araphid genus *Hyaloneis*. Diatom Research, 23: 11-18.

Amspoker MC. 2011. Lectotypification of *Eunotogramma laeve*. Diatom Research, 26: 1-4.

Archibald REM. 1983. The diatoms of the Sundays and Great Fish Rivers in the eastern Cape Province of South Africa. Bibliotheca Diatomologica, 1: 1-362.

Balzé KL. 1984. Morphology and taxonomy of *Diplomenora* gen. nov. (Bacillariophyta). British Phycological Journal, 19:3, 217-225.

Cartaxana P, Ruivo M, Hubas C, et al. 2011. Physiological versus behavioral photoprotection in intertidal epipelic and epipsammic benthic diatom communities. Journal of Experimental Marine Biology and Ecology, 405: 120-127.

Cavalcante KP, Tremarin PI, Ludwig TAV. 2014. New records of amphoroid diatoms (Bacillariophyceae) from Cachoeira River, Northeast Brazil. Brazilian Journal of Biology, 74: 257-263.

Chen CP, Sun JD, Zhao L, et al. 2017. *Navicula amoyensis* sp. nov. (Bacillariophyceae), a new benthic brackish diatom species from the Jiulong River estuary, Southern China. Phytotaxa, 291(4): 253-263.

Chepurnov VA, Mann DG, Vyverman W, et al. 2002. Sexual reproduction, mating system, and protoplast dynamics of *Seminavis* (Bacillariophyceae). Journal of Phycology, 38: 1004-1019.

Clavero E, Grimalt JO, Hernandes-Marine M. 2000. The fine structure of two small *Amphora* species, *A. tenerima* Aleem & Hustedt and *A. tenuissima* Hustedt. Diatom Research, 15: 195-208.

Cleve PT. 1895. Synopsys of the naviculoid diatoms. Kongliga Svenska vetenskaps-akademiens Handlingar, 27: 1-219.

Cox EJ. 1999. Studies on the diatom genus *Navicula* Broy. VIII. Variation in valve morphology in relation to the generic diagnosis based on *Navicula tripunctata* (O.F. Müller) Bory. Diatom Research, 14 (2): 207-237.

Cox EJ, Ross R. 1981. The Striae of Pennate Diatoms. *In*: Ross R. Proceedings of the Sixth Symposium on Recent and Fossil Diatoms. Koenigstein: Otto Koeltz Science Publishers: 267-278.

Cupp EE. 1943. Marine plankton diatoms of the west coast of North America. Bulletin Of The Scripps Institution Of Oceanography, 5(1): 1-237.

Dabek P, Ashworth MP, Witkowski A, et al. 2017. Towards a multigene phylogeny of the Cymatosiraceae (Bacillariophyta, Mediophyceae) I: Novel taxa within the subfamily Cymatosiroideae based on molecular and morphological data. Journal of Phycology, 53: 342-360.

Dabek P, Sabbe K, Witkowski A, et al. 2013. *Cymatosirella* Dabek, Witkowski & Sabbe gen. nov., a new marine benthic diatom genus (Bacillariophyta) belonging to the family Cymatosiraceae. Phytotaxa, 121(1): 42-56.

Dabek P, Witkowski A, Archibald C. 2014. *Minutocellus africana* Dabek & Witkowski sp. nov.: new marine benthic diatom (Bacillariophyta, Cymatosiraceae) from Lamberts Bay, Western Cape Province, South Africa. Nova Hedwigia, 99: 223-232.

Danielidis DB, Mann DG. 2002. The systemathics of *Seminavis* (Bacillariophyta): the lost identities of *Amphora angusta, A. ventricosa* and *A. macilenta.* European Journal of Phycology, 37: 429-448.

Danielidis DB, Mann DG. 2003. New species and new combinations in the genus *Seminavis*

(Bacillariophyta). Diatom Research, 18: 21-39.

Desrosiers C, Witkowski A, Riaux-Gobin C, et al. 2014. *Madinithidium* gen. nov. (Bacillariophyceae), a new monoraphid diatom genus from the tropical marine coastal zone. Phycologia, 53(6): 583-592.

Garcia M. 2003a. Observations on the diatom genus *Fallacia* (Bacillariophyta) from southern Brazilian sandy beaches. Nova Hedwigia, 77: 3-4.

Garcia M. 2003b. *Paralia elliptica* sp. nov., an epipsammic diatom from Santa Catarina State, Brazil. Diatom Research, 18(1): 1-48.

Garcia M. 2005. Araphid psammic diatoms from Brazilian sandy beaches I: an emended description to genus *Pravifusus* Witkowski, Lange-Bertalot & Metzeltin. Diatom Research, 20: 275-280.

Garcia M. 2007. *Seminavis atlantica* Garcia, a new psammic diatom (Bacillariophyceae) from southern Brazilian sandy beaches. Brazilian Journal of Biology, 67: 765-769.

Garcia M. 2011. Morphology and distribution of the diatom *Hyaloneis hyalinum* and a description of *Pravifusus brasiliensis* sp. nov. Diatom Research, 26(1): 5-11.

Garcia M. 2016. Taxonomy, morphology and distribution of Cymatosiraceae (Bacillariophyceae) in the littorals of Santa Catarina and Rio Grande do Sul. Biota Neotropica, 16(2): e20150139.

Garcia-Baptista M. 1993. Observation on the genus *Hantzschia* Grunow at a sandy beach in Rio Grande Do Sul, Brazil. Diatom Research, 8(1): 31-43.

Hargraves PE, Guillard RRL. 1974. Structural and physiological observations on some small marine diatoms. Phycologia, 13: 163-172.

Hasle GR, von Stosch HA, Syvertsen EE. 1983. Cymatosiraceae, a new diatom family. Bacillaria, 6: 9-156.

Hendey NI. 1958. Marine Diatoms from some West African ports. Royal Microscop Society, 77: 28-85.

Jewson DH, Lowry SF, Bowen R. 2006. Co-existence and survival of diatoms on sand grains. European Journal of Phycology, 41(2): 131-146.

Krammer K, Lange-Bertalot H. 1986. Bacillariophyceae, Teil 1: Naviculaceae. *In*: Ettl H, Gerloff J, Heynig H, et al. Sußwasserflora von Mitteleuropa. Stuttgart, Jena: Gustav Fisher Verlag: 876.

Krammer K, Lange-Bertalot H. 1988. Bacillariophyceae. Teil 2. Bacillariaceae, Epithemiaceae, Surirellaceae. Sußwasserflora von Mitteleuropa. Band 2/2. Stuttgart, Jena: Gustav Fisher Verlag: 596.

Lange-Bertalot H. 2001. *Navicula* sensu stricto. 10 genera separated from *Navicula* sensu lato, *Frustulia*. Diatoms of Europe, 2: 1-526.

Lange-Bertalot H, Metzeltin D, Witkowski A. 1996. *Hippodonta* gen. nov. Iconographia Diatomologica, 4: 247-276.

Lee SD, Park JS, Lee JH. 2013. Taxanomic study of the genus *Achnanthes* (Bacillariophyta) in Korean coastal waters. Journal of Ecology and Environment, 36(4): 391-406.

Levkov Z. 2009. *Amphora* sensu lato. *In*: Lange-Bertalot H. Diatoms of Europe, volume 5, A.R.G. Gantner Verlag K.G., Ruggell, Liechtenstein: 1-916.

Li CL, Ashworth MP, Witkowski A, et al. 2015. New insights into Plagiogrammaceae (Bacillariophyta) based on multigene phylogenies and morphological characteristics with the description of a new genus and three new species. PLoS One, 10(10).

Li CL, Ashworth MP, Witkowski A, et al. 2016. Ultrastructural and molecular characterization of diversity among small araphid diatoms all lacking rimoportulae. I. Five new genera, eight new species. Journal of Phycology, 52: 1018-1036.

Li CL, Witkowski A, Ashworth MP, et al. 2018. The morphology and molecular phylogenetics of some marine diatom taxa within the Fragilariaceae, including twenty undescribed species and their relationship to *Nanofrustulum*, *Opephora* and *Pseudostaurosira*. Phytotaxa, 355(1): 1-104.

Li Y, Suzuki H, Nagumo T, et al. 2016. *Microcostatus salinus* sp. nov., a new benthic diatom (Bacillariophyceae) from esturarine intertidal sediments, Japan. Phytotaxa, 245(1): 51-58.

Licursi M, Gomez N. 2013. Short-term toxicity of hexavalent-chromium to epipsammic diatoms of a microtidal estuary (Rio de la Plata): responses form the individual cell to the community structure. Aquatic Toxicology, (134-135): 82-91.

Lobban CS, Schefter M, Jordan RWY, et al. 2012. Coral-reef diatoms (Bacillariophyta) from Guam: new records and preliminary checklist, with emphasis on epiphytic species from farmer-fish territories. Micronesica, 43: 237-479.

Mann DG. 1994. Auxospore formation, reproductive plasticity and cell structure in *Navicula ulvacea* and the resurrection of the genus *Dickieia* (Bacillariophyta). European Journal of Phycology, 29: 3, 141-157.

McIntire CD. 1974. Some marine and brackish-water *Achnanthes* from Yaquina Estuary, Oregon (USA). Botanica Marina, XVII: 164-175.

Meadows PS, Anderson JG. 1968. Micro-organisms attached to marine sand grains. Journal of Marine Biological Association of Unite Kindom, 48: 161-175.

Medlin LK, Round FE. 1986. Taxonomic studies of marine gomphonemoid diatoms. Diatom Research, 1(2): 205-225.

Miller AR, Lowe RL, Rotenberry JT. 1987. Succession of diatom communities on sand grains. Journal of Ecology, 75: 693-709.

Mitbavkar S, Anil AC. 2002. Diatoms of microphytobenthic community: population structure in a tropical intertidal sand flat. Marine Biology, 140: 41-57.

Mitbavkar S, Anil AC. 2006. Diatoms of the microphytobenthic community in a tropical intertidal sand flat influenced by monsoons: spatial and temporal variations. Marine Biology, 148: 693-709.

Moser G, Lange-Bertalot H, Metzeltin D. 1998. Insel der Endemiten. Geobotanisches Phänomen Neukaledonien. Bibliotheca Diatomologica, 38: 1-464.

Navarro JN. 1982. Marine diatoms associated with mangrove prop roots in the Indian River, Florida, USA. Bibliotheca Phycologica, 61: 1-151.

Navarro JN, Williams DM. 1991. Description of *Hyalosira tropicalis* sp. nov. (Bacillariophyta) with notes on the status of *Hyalosira* Kützing and *Microtabella* Round. Diatom Research, 6(2): 327-336.

Park J, Khim JS, Ryu J, et al. 2013. An emended description of the genus *Fogedia* (Bacillariophyceae) with reports of four species new to science from a Korean sand flat. Phycologia, 52(5): 437-446.

Park J, Koh C, Khim JS, et al. 2012. Description of a new naviculoid diatom genus *Moreneis* gen.

nov. (Bacillariophyceae) from sand flats in Korea. Journal of Phycology, 48: 186-195.

Pennesi C, Caputo A, Lobban CS, et al. 2017. Morphological discoveries in the genus *Diploneis* (Bacillariophyceae) from the tropical west Pacific, including the description of new taxa. Diatom Research, 32(2): 195-228.

Pennesi C, Majewska R, Sterrenberg FAS, et al. 2018. Taxonomic revision and morphological cladistics analysis of the diatom genus *Anorthoneis* (Cocconeidaceae), with description of *Anorthoneis arthus-bertrandii* sp. nov. Phytotaxa, 336(3): 201-238.

Potapova M. 2013. The types of 22 *Navicula* (Bacillariophyta) species described by Ruth Patrick. Proceedings of the Academy of Natural Sciences of Philadelphia, 162: 1-23.

Riaux-Gobin C, Compère P. 2008. New *Cocconeis* taxa from coral sands off Reunion Island (Western Indian Ocean). Diatom Research, 23(1): 129-146.

Riaux-Gobin C, Witkowski A. 2015. *Pseudachnanthidium megapteropsis* gen. nov. and sp. nov. (Bacillariophyta): a widespread Indo-Pacific elusive taxon. Cryptogamie, Algologie, 36(3): 291-304.

Riaux-Gobin C, Compère P, Hinz F, et al. 2015. *Achnanthes citronella*, *A. trachyderma* comb. nov. (Bacillariophyta) and allied taxa pertaining to the same morphological group. Phytotaxa, 227(2): 101-119.

Riaux-Gobin C, Ector L, Witkowski A, et al. 2018. Achnanthales from historical Grunow collection in Porto Subzanski, Croatia. Botanica Marina, 61(6): 573-593.

Riaux-Gobin C, Romero O, Compère P, et al. 2011.Small-sized Achnanthales (Bacillariophyta) from coral sands off Mascarenes (Western Indian Ocean). Bibliotheca Diatomologica, 57: 1-234.

Riaux-Gobin C, Witkowski A, Compère P. 2010. SEM survey and taxonomic position of small-sized *Achnanthidium* (Bacillariophyceae) from coral sands off R´eunion Island (Western IndianOcean). Vie et Milieu, 60: 157-172.

Riaux-Gobin C, Witkowski A, Romero OE. 2013. An account of *Astartiella* species from tropical areas with a description of *A. societatis* sp. nov. and nomenclatural notes. Diatom Research, 28(4): 419-430.

Riaux-Gobin C, Witkowski A, Ruppel M. 2012. *Scalariella*, a new genus of monoraphid diatom (Bacillariophyta) with a bipolar distribution. Fottea, 12(1): 13-25.

Riznyk RZ. 1973. Interstitial diatoms from two tidal flats in Yaquina Estuary, Oregon, USA. Botanica Marina, XVI : 113-138.

Romero OE, Riaux-Gobin C. 2014. Two closely-related species of *Cocconeis* (Bacillariophyta): comparative study and typification. Plant Ecology and Evolution, 147(3): 426-438.

Round FE. 1979. A diatom assemblage living below the surface of intertidal sand flats. Marine Biology, 54: 219-223.

Round FE, Crawford RM, Mann DG. 1990. The diatoms: the biology and morphology of the genera. Cambridge: Cambridge University Press: 653.

Ross R, Cox EJ, Karayeva NI, et al. 1979. An amended terminology for the siliceous components of the diatom cell. Nova Hedwigia Beiheft, 64: 511-533.

Rusch A, Forster S, Huettel M. 2001. Bacteria, diatoms and detritus in an intertidal sandflat subject to advective transport across the water-sediment interface. Biogeochemistry, 55: 1-27.

Sabbe K. 1993. Short-term fluctuations in benthic diatom numbers on an intertidal sandflat in the Westerschelde estuary (Zeeland, The Netherlands). Hydrobiologia, 269/270: 275-284.

Sabbe K, Vanelslander B, Ribeiro L, et al. 2010. A new genus, *Pierrecomperia* gen. nov., a new species and two new combinations in the marine diatom family Cymatosiraceae. Vie et Milieu-life and Environment, 60: 243-256.

Sabbe K, Vyverman W, Muylaert K. 1999. New and little-known *Fallacia* species (Bacillariophyta) from brackish and marine intertidal sandy sediments in Northwest Europe and North America. Phycologia, 38: 8-22.

Sabbe K, Witkowski A, Vyverman W. 1995. Taxonomy, morphology and ecology of *Biremis lucens* (Hustedt) comb. nov. (Bacillariophyta): a brackish-marine, benthic diatom species comprising different morphological types. Botanica Marina, 38: 379-391.

Salah MM. 1955. Some new diatoms from Blakeney Point (Norfolk). Hydrobiologia, 7: 88-102.

Sato S, Matsumoto S, Medlin LK. 2009. Fine structure and 18S rDNA phylogeny of a marine araphid pennate diatom *Plagiostriata goreensis* gen. et sp. nov. (Bacillariophyta). Phycological Research, 57: 25-35.

Sato S, Watanabe T, Crawford RM, et al. 2008. Morphology of four plagiogrammacean diatoms; *Dimeregramma minor* var. *nana*, *Neofragilaria nicobarica*, *Plagiogramma atomus* and *Psammogramma vigoensis* gen.et sp. nov., and their phylogenetic relationship inferred from partial large subunit rDNA. Phycological Research, 56: 255-268.

Sims PA, Holmes AW. 1983. Studies on the "kittonii" group of *Aulacodiscus* species. Bacillaria, 6: 267-292.

Sims PA, Willams DM, Ashworth M. 2018. Examination of type specimens for the genera *Odontella* and *Zygoceros* (Bacillariophyceae) with evidence for the new family Odontellaceae and a description of three new genera. Phytotaxa, 382(1): 1-56.

Steele JH, Baird IE. 1968. Production ecology of a sandy beach. Limnology and Oceanography, 13: 14-25.

Stepanek JG, Kociolek JP. 2014. Molecular phylogeny of *Amphora* sensu lato (Bacillariophyta): an investigation into the monophyly and classification of the amphoroid diatoms. Protist, 165: 177-195.

Sterrenburg FAS. 1987. *Anorthoneis*, een assepoester genus? Diatomededelingen, 2: 11-16.

Sterrenburg FAS. 1988. Observations on the genus *Anorthoneis* Grunow. Nova Hedwigia, 47 (3-4): 363-376.

Sterrenburg FAS, Tiffany MA, Hinz F. et al. 2015. Seven new species expand the morphological spectrum of *Haslea*. A comparison with *Gyrosigma* and *Pleurosigma* (Bacillariophyta). Phytotaxa, 207: 143-162.

Suzuki H, Nagumo T, Tanaka J. 2001. Morphology of the marine epiphytic diatom *Cocconeis heteroidea* (Bacillariophyceae). Phycological Research, 49: 129-136.

Suzuki H, Nagumo T, Tanaka J. 2008. Morphology and taxonomy of *Cocconeis subtilissima* Meister (Bacillariophyceae) and two closely related taxa from the coastal waters of Japan. Journal of

Japanese Botany, 83: 269-279.

Takano H. 1982. New and rare diatoms from Japanese marine waters-Ⅷ. *Neodelphineis pelagica* gen. et sp. nov. Ibid, 106: 45-53.

Van Heurck H. 1896. A treatise on the Diatomaceae: containing introductory remarks on the structure, life history, collection, cultivation and preparation of diatoms, and a description and figure typical of every known genus, as well as a description and figure of every species found in the North Sea and countries bordering it, including Great Britain, Belgium. London: Etc. W. Wesley: 558.

Varela M, Penas E. 1985. Primary production of benthic microalgae in an intertidal sand flat of the Ria de Arosa, NW Spain. Marine Ecology Progress Series, 25: 111-119.

Wachnicka A, Gaiser E. 2007. Characterization of *Amphora* and *Seminavis* from south Florida, U.S.A. Diatom Research, 22: 387-455.

Watanabe T, Tanaka J, Reid G, et al. 2013. Fine structure of *Delphineis minutissima* and *D. surirella* (Rhaphoneidaceae). Diatom Research, 28(4): 445-453.

Williams DM, Round F. 1987. Revision of the genus *Fragilaria*. Diatom Research, 2(2): 267-288.

Witkowski A. 1993. *Fallacia florinae* (Moeller) comb. nov. a marine, epipsammic diatom. Diatom Research, 8(1): 215-219.

Witkowski A. 2000. Diatom flora of marine coast. Iconographia Diatomologica, 7: 1-925.

Witkowski A, Lange-Bertalot H, Kociolek JP, et al. 2004. Four new species of *Nitzschia* sect. *Tryblionella* (Bacillariophyceae) resembling *N. parvula*. Phycologia, 43(5): 579-595.

Witkowski A, Lange-Bertalot H, Metzeltin D. 2000. Diatom flora of marine coasta I. Iconographia Diatomologica, 7: 1-925.

Witkowski A, Lange-Bertalot H, Stachura K. 1998. New and confused species in the genus *Navicula* (Bacillariophyceae) and the consequences of restrictive generic circumscription. Cryptogamie, Algologie, 19: 83-108.

Witkowski A, Li CL, Zgłobicka I, et al. 2016. Multigene assessment of biodiversity of diatom (Bacillariophyceae) assemblages from the littoral zone of the Bohai and Yellow Seas in Yantai region of Northeast China with some remarks on ubiquitous taxa. Journal of Coastal Research, Special Issue, 74: 166-195.

Witkowski A, Zelazna-Wieczorek J, Solak C, et al. 2014. Morphology, ecology and distribution of the diatom (Bacillariophyceae) species *Simonsenia delognei* (Grunow) Lange-Bertalot. Oceanological and Hydrobiological Studies, 43: 393-401.

Yang H, Flower RJ, Battarbee RW. 2010. An improved coverslip method for investigating epipelic diatoms. European Journal of Phycology, 45(2): 191-199.

Zhao L, Sun JD, Gao YH, et al. 2017. *Hippodonta fujiannensis* sp. nov. (Bacillariophyceae), a new epipsammic diatom from the low intertidal zone, Fujian Province, China. Phytotaxa, 295(1): 077-085.

学 名 索 引

	页码	图版
Moreneis coreana Park, Koh et Witkowski	45	19
Moreneis sp. 1	45	19

N

Navicula agatkae Witkowski, Lange-Bertalot et Metzeltin	63	27
Navicula amoyensis Gao, Sun et Chen	63	27
Navicula cancellata Donkin	64	27
Navicula cryptocephala Kützing	64	27
Navicula dongshanensis Chen, Gao et Zhuo	64, 83	28
Navicula gregaria Donkin	65	27
Navicula perminuta Grunow	65	27
Navicula perrhombus Hustedt et Simonsen	66	29
Navicula platyventris Meister	66	29
Navicula pseudoincerta Giffen	66	29
Navicula veneta Kützing	67	29
Neodelphineis pelagica Takano	30	10
Nitzschia alexandrina (Cholnoky) Lange-Bertalot et Simonsen	74	32
Nitzschia amabilis (Hustedt) Suzuki	74	32
Nitzschia dissipata (Kützing) Rabenhorst	74	32
Nitzschia frustulum (Kützing) Grunow	75	32
Nitzschia parvula Smith	75	32
Nitzschia rosenstockii Lange-Bertalot	76	33
Nitzschia sublanceolata Archibald	76	33
Nitzschia valdestriata Aleem et Hustedt	76	33
Nitzschia volvendirostrata Ashworth, Dabek et Witkowski	77	33

O

Opephora pacifica (Grunow) Petit	25	9

P

Paralia elliptica Garcia	14	1
Parlibellus harffiana Witkowski, Li et Yu	48	19
Parlibellus sp. 1	48	19

中名索引

图　　版

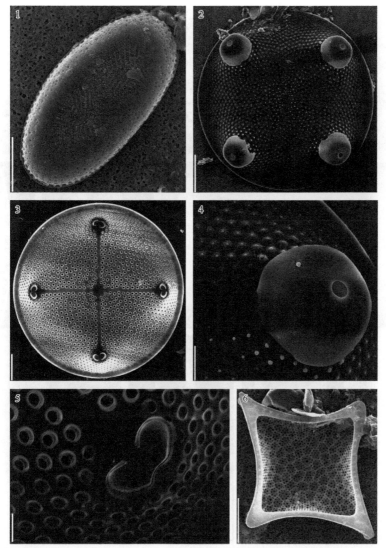

1. 椭圆帕拉藻 *Paralia elliptica* Garcia：示外壳面；2-5. 约翰逊沟盘藻 *Aulacodiscus johnsonii* Arnott ex Ralfs：2 示外壳面，3 示内壳面，4 示蘑菇状外管状突，5 示内壳面管状突马蹄形结构；6. 可疑拟网藻 *Pseudictyota dubium* (Brightwell) P.A. Sims et D.M. Williams。标尺：1，4=5 μm；2，6=10 μm；3=20 μm；5=2 μm。

图版 2

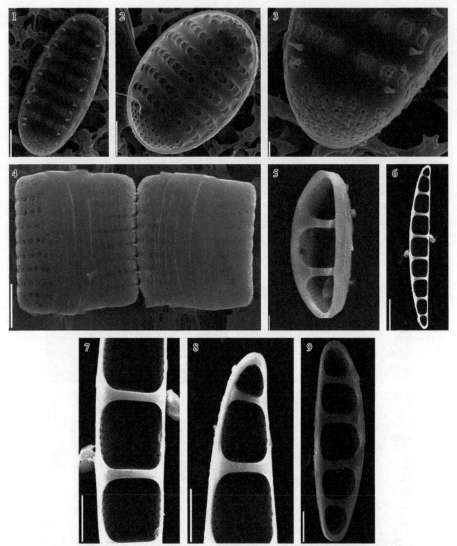

1-4. 维戈沙藻 *Psammogramma vigoensis* Sato et Medlin: 1 示外壳面，2 示内壳面，3 示壳端，4 示两个细胞壳面相连；
5-8. 柔弱井字藻 *Eunotogramma debile* Grunow: 示内壳面; 9. 沙地井字藻 *Eunotogramma litorale* Amspoker: 示内壳面。
标尺: 1，2，9=1 μm; 3=0.2 μm; 4，6-8=2 μm; 5=5 μm。

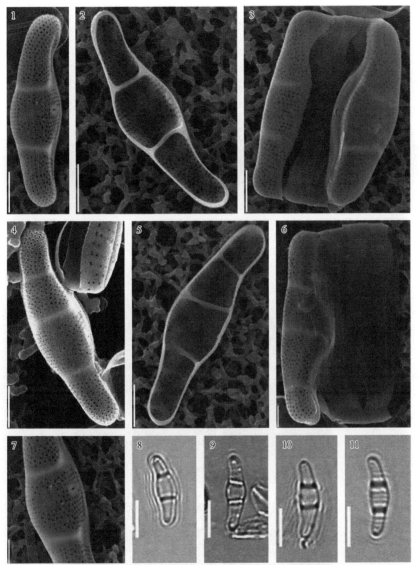

1-11. 厦门井字藻 *Eunotogramma amoyensis* Chen, Gao et Zhuo, sp. nov.: 1、4 示外壳面，2、5 示内壳面，3、6 示壳环面，7 示唇形突，8-11 示光镜照片。标尺：1-5=2 μm；6-7=1 μm；8-11=5 μm。

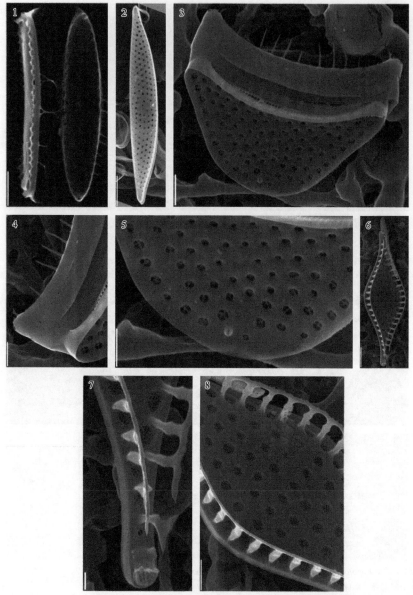

1. 角突弧眼藻 *Arcocellulus cornucervis* Hasle, von Stosch et Syvertsen：示外壳面；2. 桥弯形鞍链藻 *Campylosira cymbelliformis* (A.S.) Grunow ex Van Heurck：示内壳面；3-5. 驼峰波纹藻 *Cymatosira gibberula* Cheng et Gao：3 示内壳面，4 示壳端刺，5 示管状突起；6-8. 洛氏波纹藻 *Cymatosira lorenziana* Grunow：示外壳面。标尺：1，4，5，7=1 μm；2，6=5 μm；3，8=2 μm。

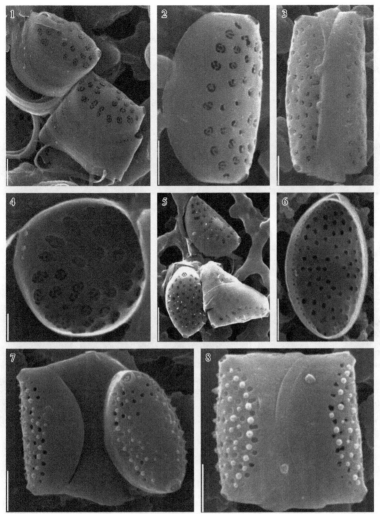

1-4. 微小拟波纹藻 *Cymatosirella minutissima* (Sabbe et Muylaert) Dabek, Witkowski et Sabbe：1 示壳面，2、3 示壳套，4 示内壳面；5. 筛孔无管眼藻 *Extubocellulus cribriger* Hasle, von Stosch et Syvertsen：示外壳面；6-8. 有棘无管眼藻 *Extubocellulus spinifer* (Hargrave et Guillard) Hasle, von Stosch et Syvertsen：6 示内壳面，7 示外壳面，8 示壳环面。标尺：1-4，6-8=1 μm；5=2 μm。

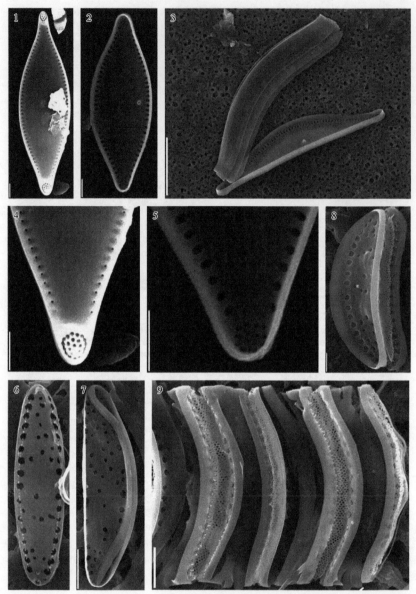

1-5. 非洲兰伯特藻 *Lambertocellus africana* (Dabek et Witkowski) Dabek, Witkowski et Ashworth：1 示外壳面，2 示内壳面，3 示壳环带，4 示外壳面壳端，5 示内壳面壳端；6-9. 沙生雷柏藻 *Leyanella arenaria* Hasle, von Stosch et Syvertsen：6 示外壳面，7 示内壳面，8、9 示壳环面。标尺：1，2，4-8=1 μm；3=5 μm；9=2 μm。

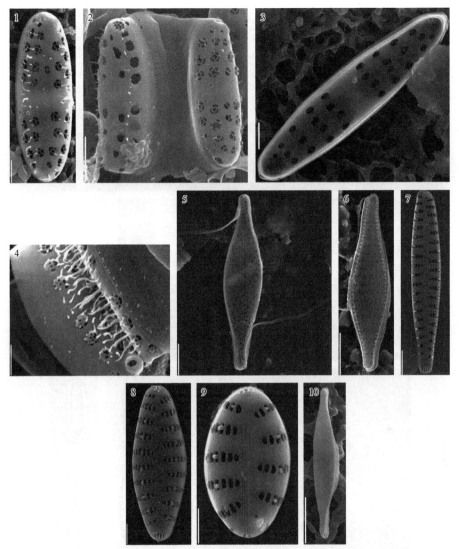

1-4. 小型斜柄纹藻 *Plagiogrammopsis minima* (Salah) Sabbe et Witkowski：1 示外壳面，2 示壳环面，3 示内壳面，4 示相连的壳面；5. 多形微眼藻 *Minutocellus polymorphus* (Hargraves et Guillard) Hasle, von Stosch et Syvertsen：示外壳面。6. 山东坑形藻 *Cratericulifera shandongensis* Li, Witkowski et Ashworth：示外壳面；7. 阿氏格但斯克藻 *Gedaniella alfred-wegeneri* Li, Sato et Witkowski：示外壳面；8-9. 波顿格但斯克藻 *Gedaniella boltonii* Li, Krawczyk, Dabek et Witkowski：示外壳面；10. 无纹玻璃藻 *Hyaloneis hyalinum* (Hustedt) Amspoker：示外壳面。标尺：1，4，5=2 μm；2，3=1 μm；6，10=5 μm。

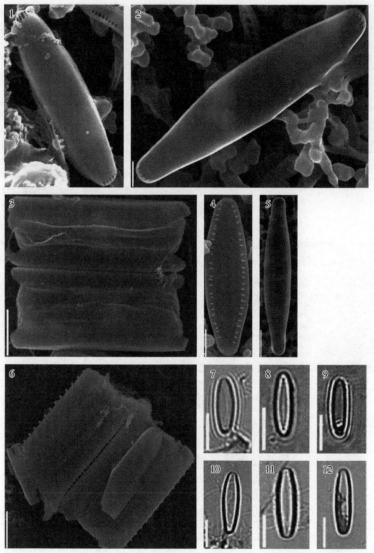

1-3，7-9. 滨海玻璃藻 *Hyaloneis litoralis* Chen, Gao, Zhuo et Wang, sp. nov.: 1 示外壳面，2 示内壳面，3 示壳环面，7-9 示光镜照片；4-6，10-12. 小型拟玻璃藻 *Pravifusus minor* Chen, Gao, Wang et Zhuo, sp. nov.: 4 示外壳面，5 示内壳面，6 示壳环面，10-12 示光镜照片。标尺：1，2=1 μm；3-6=2 μm；7-12=10 μm。

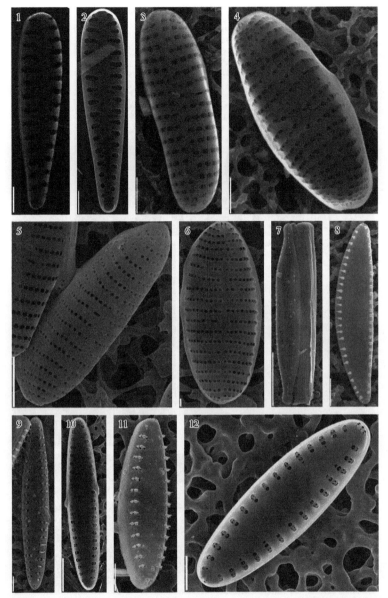

1，2. 太平洋槌棒藻 *Opephora pacifica* (Grunow) Petit：1 示外壳面，2 示内壳面；3，4. 横纹藻未定种 1 *Plagiostriata* sp. 1：3 示外壳面，4 示内壳面；5，6. 横纹藻未定种 2 *Plagiostriata* sp. 2：5 示外壳面，6 示内壳面；7. 巴西拟玻璃藻 *Pravifusus brasiliensis* Garcia；8. 简单拟玻璃藻 *Pravifusus inane* (Giffen) Garcia；9，10. 拟十字藻属未定种 1 *Pseudostaurosira* sp. 1：9 示外壳面，10 示内壳面；11，12. 拟十字藻属未定种 2 *Pseudostaurosira* sp. 2。标尺：1-5，8，10=2 μm；6=0.2 μm；7=5 μm；9，11，12=1 μm。

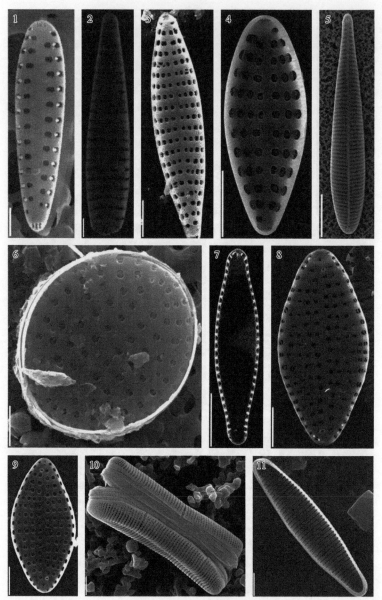

1. 拟十字藻属未定种 3 *Pseudostaurosira* sp. 3：示外壳面；2. 琳氏辐形藻 *Stauroforma rinceana* Meleder, Witkowski et Li：示外壳面；3. 渐尖粗楔形藻 *Trachysphenia acuminata* M. Peragallo：示外壳面；4. 澳洲粗楔形藻 *Trachysphenia australis* Petit：示内壳面；5. 短纹楔形藻 *Licmophora abbreviata* Agardh：示外壳面；6. 微小具槽藻 *Delphineis minutissima* (Hustedt) Simonsen：示外壳面；7-9. 大洋新具槽藻 *Neodelphineis pelagica* Takano：7，8 示外壳面，9 示内壳面；10，11. 优美透明藻 *Hyalosira delicatula* Kützing：10 示壳环面，11 示内壳面。标尺：1，2，8=1 μm；3，4，7=5 μm；6，9-11=2 μm；5=10 μm。

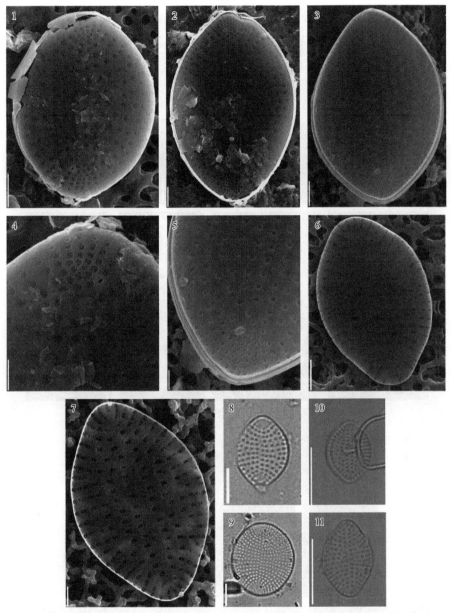

1-5，8，9. 中华灯台藻 *Diplomenora sinensis* Chen, Gao et Zhuo, sp. nov.：1、2 示外壳面，3 示内壳面，4、5 示壳端唇形突，8、9 示光镜照片；6，7，10，11. 密具槽藻 *Delphineis densa* Chen, Gao et Wang, sp. nov.：6 示外壳面，7 示内壳面，10，11 示光镜照片。标尺：1-3，6=2 μm；4，5，7=1 μm；8，9=5 μm；10，11=10 μm。

图版 12

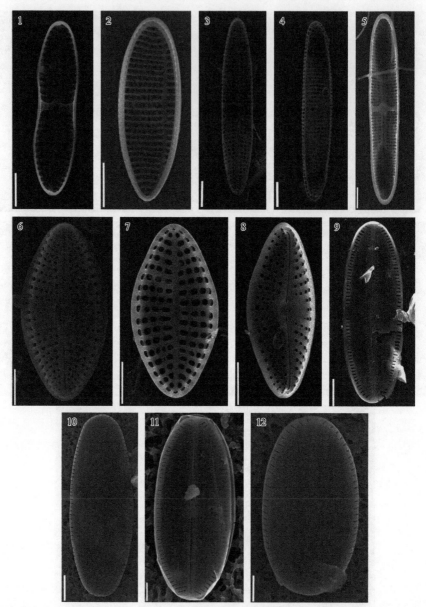

1，2. 短柄曲壳藻 *Achnanthes brevipes* Agardh：1 示壳缝面，2 示无壳缝面；3-5. 短柄曲壳藻变窄变种 *Achnanthes brevipes* var. *angustata* Cleve：3 示壳缝面，4 示无壳缝面，5 示壳缝面内壳面；6-8. 卵形曲壳藻 *Achnanthes cocconeioides* Riznyk：6 示壳缝面，7 示无壳缝面，8 示壳缝面内壳面；9-12. 柔弱曲壳藻 *Achnanthes delicatissima* Simonson：9、11 示壳缝面，10、12 示无壳缝面。标尺：1，6-8=5 μm；2-5=10 μm；9，10=2 μm；11，12=1 μm。

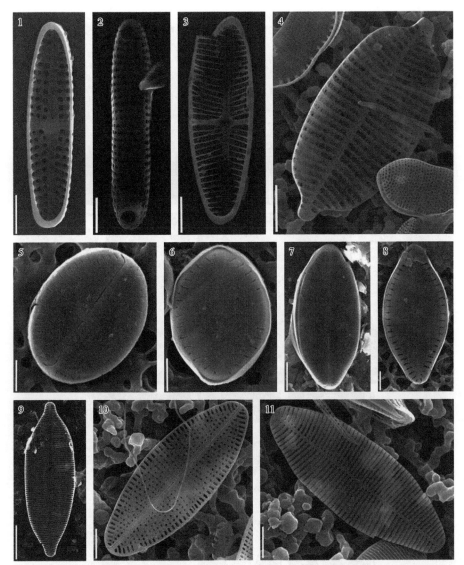

1，2. 科威特曲壳藻 Achnanthes kuwaitensis Hendey：1 示壳缝面内壳面，2 示无壳缝面；3. 长柄曲壳藻 Achnanthes longipes Agardh：示壳缝面内壳面；4. 粗曲壳藻 Achnanthes trachyderma (F. Meister) Riaux-Gobin, Compère, Hinz et Ector：示无壳缝面内壳面；5，6. 长曲壳藻未定种 1 Achnanthidium sp. 1：5 示壳缝面，6 示无壳缝面；7，8. 长曲壳藻未定种 2 Achnanthidium sp. 2：7 示壳缝面，8 示无壳缝面；9. 长斑点藻 Astartiella producta Witkowski, Lange-Bertalot et Metzeltin：示无壳缝面内壳面；10，11. 具点斑点藻 Astartiella punctifera (Hustedt) Witkowski, Lange-Bertalot et Metzeltin：10 示壳缝面内壳面，11 示无壳缝面。标尺：1，2，4，9=5 μm；3=10 μm；5，6，8=1 μm；7，10，11=2 μm。

图版 14

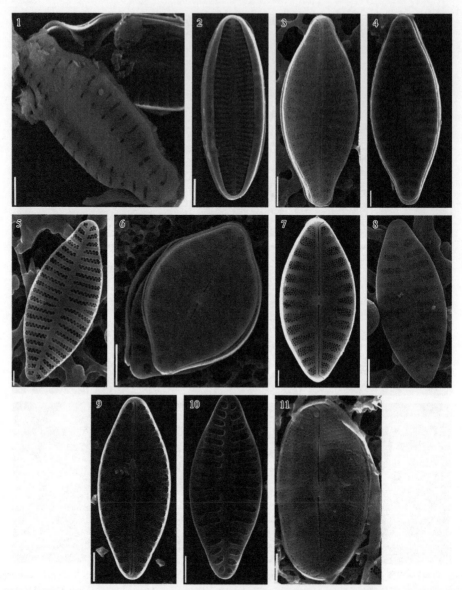

1. 美丽卡氏藻 *Karayevia amoena* (Hustedt) Bukhtiyarova：示无壳缝面和部分壳缝面内壳面；2. 阶梯马丁藻 *Madinithidium scalariforme* (Riaux-Gobin, Compère et Witkowski) Witkowski, Riaux-Gobin et Desrosiers：示无壳缝面；3-5. 坎佩切平面藻 *Planothidium campechianum* (Hustedt) Witkowski et Lange-Bertalot：3 示壳缝面，4 示无壳缝面，5 示无壳缝面内壳面；6. 细弱平面藻 *Planothidium delicatulum* (Kützing) Round et Buktiyarova；7-10. 豪克平面藻 *Planothidium hauckianum* (Grunow) Bukhtiyarova：7 示壳缝面，8 示无壳缝面，9 示壳缝面内壳面，10 示无壳缝面内壳面；11. 马氏平面藻 *Planothidium mathurinense* Riaux-Gobin et Al-Handal：示壳缝面。标尺：1，4，5，7，11=1 μm；2，3，6，8-10=2 μm。

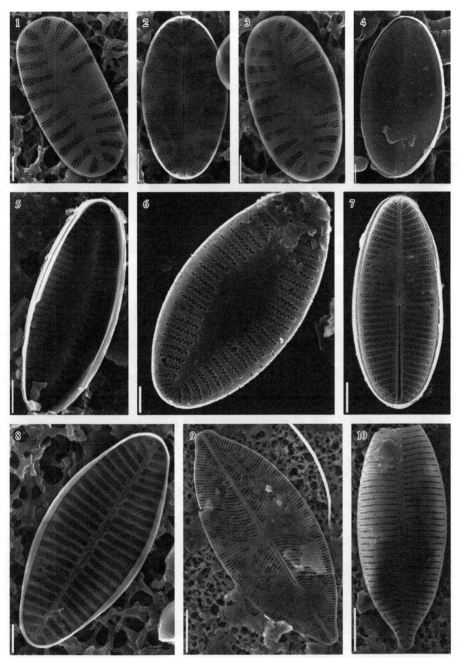

1-3. 马氏平面藻 *Planothidium mathurinense* Riaux-Gobin et Al-Handal：1 示无壳缝面，2 示壳缝面内壳面，3 示无壳缝面内壳面；4-6. 罗德平面藻 *Planothidium rodriguense* Riaux-Gobin et Compère：4 示壳缝面，5、6 示无壳缝面内壳面；7. 平面藻未定种 1 *Planothidium* sp. 1：示无壳缝面；8. 拟曲壳藻未定种 1 *Pseudachnanthidium* sp. 1：示无壳缝面；9，10. 睫毛裂节藻 *Schizostauron fimbriatum* Grunow：9 示壳缝面，10 示无壳缝面内壳面。标尺：1-4，6，8=1 μm；5，7=2 μm；9，10=5 μm。

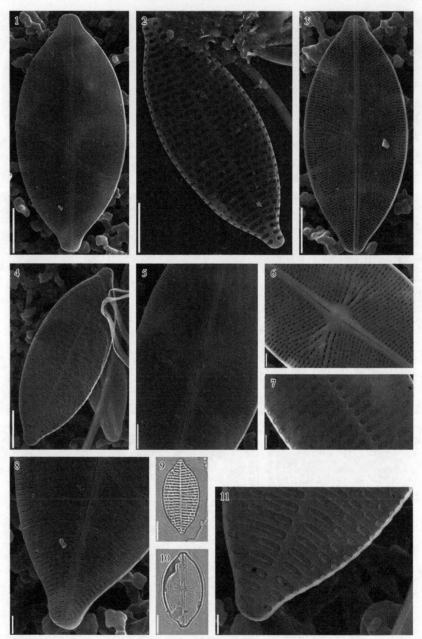

1-11. 沙裂节藻 *Schizostauron arenaria* Chen, Gao et Zhuo, sp. nov.: 1 示壳缝面，2 示无壳缝面，3 示壳缝面内壳面，4 示无壳缝面内壳面，5 示壳缝面外壳面中央壳缝，6 示壳缝面内壳面中央壳缝，7 示无壳缝面内壳面，8 示壳缝面外壳面端壳缝，9 示光镜下无壳缝面，10 示光镜下壳缝面，11 示无壳缝面内壳面壳端。标尺：1-4，11=5 μm；5=2 μm；6-8=1 μm；9，10=10 μm。

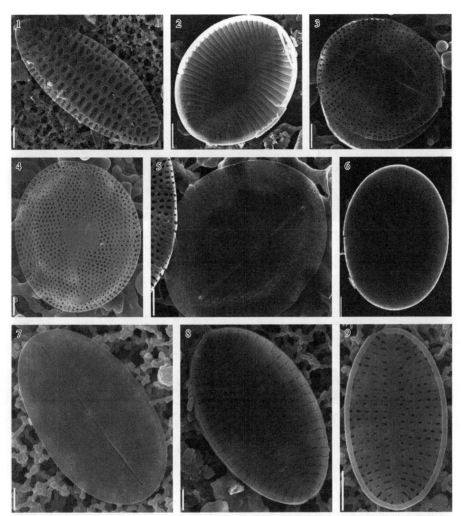

1. 矛盾沙卵藻 *Amphicocconeis discrepans* (A.W.F. Schmidt) Riaux-Gobin, Witkowski, Ector et Igersheim：示无壳缝面；
2. 阔口偏缝藻 *Anorthoneis eurystoma* Cleve：示无壳缝面内壳面；3-5. 涡旋偏缝藻 *Anorthoneis vortex* Sterrenburg：
3 示壳缝面，4 示无壳缝面，5 示壳缝面内壳面；6. 杯形卵形藻 *Cocconeis cupulifera* Riaux-Gobin, Romero, Compère
et Ai-Handal：示无壳缝面；7-9. 马斯克林卵形藻 *Cocconeis mascarenica* Riaux-Gobin et Compère：7 示壳缝面，8 示
无壳缝面，9 示无壳缝面内壳面。标尺：1，2=5 μm；3-5，9=2 μm；6-8=1 μm。

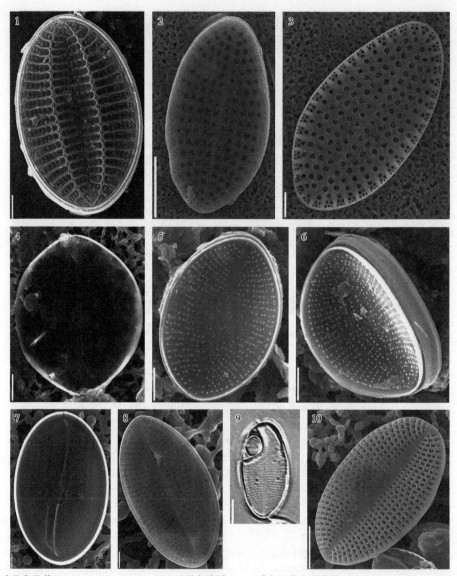

1. 皮状卵形藻 *Cocconeis peltoides* Hustedt：示无壳缝面；2，3. 盾卵形藻小形变种 *Cocconeis scutellum* var. *parva* Grunow：2 示无壳缝面外壳面，3 示无壳缝面内壳面；4-6. 独立卵形藻 *Cocconeis sovereignii* Hustedt：4 示壳缝面内壳面，5、6 示无壳缝面内壳面；7. 细弱卵形藻 *Cocconeis subtilissima* Meister：示壳缝面内壳面；8-10. 卵形藻未定种 1 *Cocconeis* sp. 1：8 示壳缝面，9 示光镜无壳缝面，10 示无壳缝面。标尺：1，4-7，8=2 μm；2，10=5 μm；3=2 μm；9=10 μm。

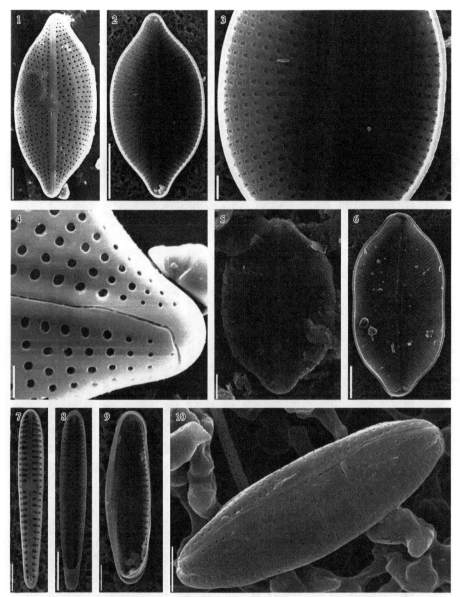

1-4. 朝鲜栖沙藻 *Moreneis coreana* Park, Koh et Witkowski：1 示外壳面，2、3 示内壳面，4 示外壳面壳端；5. 栖沙藻未定种 1 *Moreneis* sp. 1：示外壳面；6. 肩部石舟藻 *Petroneis humerosa* (Brébisson) Stickle et D.G. Mann：示内壳面；7. 拟弱小拟异极藻 *Gomphonemopsis pseudexigua* (Simonsen) Medlin：示内壳面；8. 艾希楔隔藻 *Gomphoseptatum aestuarii* (Cleve) Medlin：示内壳面；9. 哈夫书形藻 *Parlibellus harffiana* Witkowski, Li et Yu：示内壳面；10. 书形藻未定种 1 *Parlibellus* sp.1：示外壳面。标尺：1，8=5 μm；2，6=10 μm；3，5，7，9，10=2 μm；4=1 μm。

图版 20

1，2. 北方海生双眉藻 *Halamphora borealis* (Kützing) Levkov：1 示外壳面，2 示内壳面；3，4. 蔡氏海生双眉藻 *Halamphora cejudoae* Alvarez-Blanco et S. Blanco：示外壳面；5，6. 咖啡形海生双眉藻 *Halamphora coffeaeformis* (Agardh) Levkov：5 示外壳面，6 示内壳面；7，8. 盐地海生双眉藻 *Halamphora salinicola* Levkov et Diaz：7 示外壳面，8 示内壳面；9-12. 维氏海生双眉藻 *Halamphora wisei* (Salah) Alvarez-Blanco et S. Blanco：9 示外壳面，10 示壳面，11、12 示壳环面。标尺：1-5，8-11=2 μm；6，7=5 μm；12=1 μm。

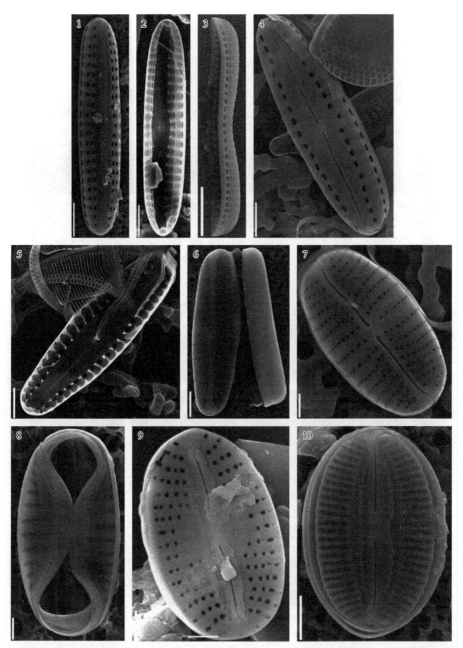

1-3. 模糊对纹藻 *Biremis ambigua* (Cleve) D.G. Mann：1 示外壳面，2 示内壳面，3 示壳环面；4，5. 光亮对纹藻 *Biremis lucens* (Hustedt) Sabbe, Witkowski et Vyverman：4 示外壳面，5 示内壳面；6. 亚膨大迪氏藻 *Dickieia subinflata* (Grunow) D.G. Mann：示外壳面；7，8. 石莼迪氏藻 *Dickieia ulvacea* (Berkeley et Kützing) Van Heurck：7 示外壳面，8 示内壳面；9. 水母曲解藻 *Fallacia aequorea* (Hustedt) D.G. Mann：示外壳面；10. 弗罗林曲解藻 *Fallacia florinae* (Møller) Witkowski：示外壳面。标尺：1，2，7，8=5 μm；3=10 μm；4-6，10=2 μm；9=1 μm。

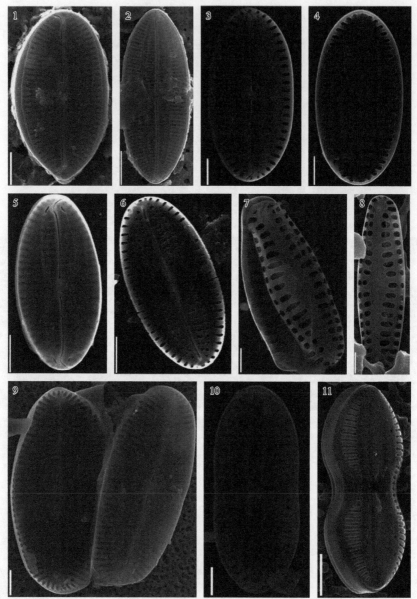

1. 奈尔曲解藻 *Fallacia nyella* (Hustedt) D.G. Mann：示外壳面；2. 侏儒曲解藻 *Fallacia pygmaea* (Kützing) D.G. Mann：示外壳面；3，4. 柔弱曲解藻 *Fallacia tenera* (Hustedt) D.G. Mann：3 示外壳面，4 示内壳面；5，6. 似柔弱曲解藻 *Fallacia teneroides* (Hustedt) D.G. Mann：5 示外壳面，6 示内壳面；7，8. 维氏矮羽纹藻 *Chamaepinnularia wiktoriae* (Witkowski et Lange-Bertalot) Witkowski, Lange-Bertalot et Metzeltin：7 示外壳面，8 示内壳面；9. 矮羽纹藻未定种 1 *Chamaepinnularia* sp. 1：示内外壳面；10. 埃氏双壁藻 *Diploneis aestuarii* Hustedt：示内外壳面；11. 断纹双壁藻 *Diploneis interrupta* (Kützing) Cleve：示外壳面。标尺：1-6，9，10=2 μm；7，8=1 μm；11=5 μm。

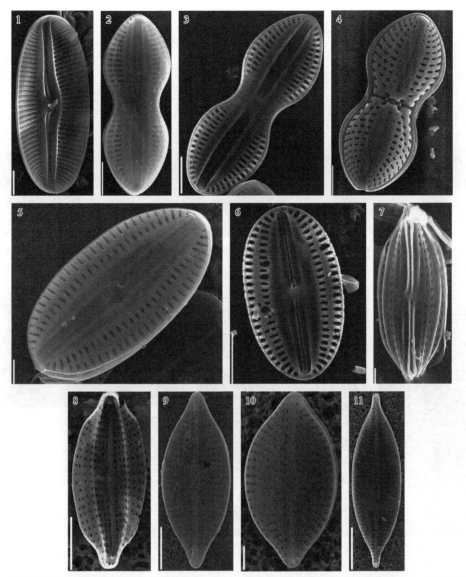

1. 史密斯双壁藻 *Diploneis smithii* (Brébisson) Cleve：示内壳面；2，3. 斯氏双壁藻 *Diploneis stroemi* Hustedt：2 示外壳面，3 示内壳面；4. 拟威氏双壁藻 *Diploneis weissflogiopsis* Lobban et Pennesi：示外壳面；5，6. 双壁藻未定种 1 *Diploneis* sp. 1：5 示外壳面，6 示内壳面；7，8. 沙地波状藻 *Cymatoneis margarita* Witkowski：7 示外壳面，8 示内壳面；9，10. 密福氏藻 *Fogedia densa* Park, Khim, Koh et Witkowski：9 示外壳面，10 示内壳面；11. 琴状福氏藻 *Fogedia lyra* Park, Khim, Koh et Witkowski。标尺：1-4，8，9=5 μm；5，6，10=2 μm；7=1 μm；11=10 μm。

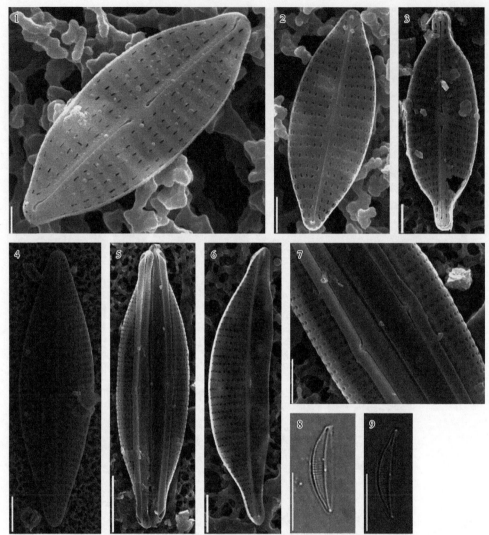

1，2. 福氏藻未定种 1 *Fogedia* sp. 1：1 示外壳面，2 示内壳面；3. 福氏藻未定种 2 *Fogedia* sp. 2：示外壳面；4. 福氏藻未定种 3 *Fogedia* sp. 3：示外壳面；5-9. 厦门海生双眉藻 *Halamphora amoyensis* Chen, Zhuo et Gao, sp. nov.：5 示外壳面，6 示内壳面，7 示中央壳缝和腹部点条纹，8、9 示光镜照片。标尺：1=1 μm；2，3，6，7=2 μm；4，5=5 μm；8，9=10 μm。

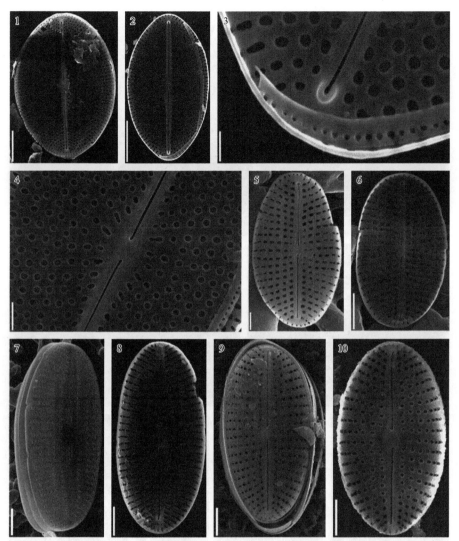

1-4. 坎特深拟卵形藻 Cocconeiopsis kantsinensis (Giffen) Witkowski, Lange-Bertalot et Metzeltin：1 示外壳面，2 示内壳面，3 示内壳面壳端喇叭舌，4 示内壳面反向弯曲的中央壳缝；5，6. 帕氏拟卵形藻 Cocconeiopsis patrickae (Hustedt) Witkowski, Lange-Bertalot et Metzeltin：5 示外壳面，6 示内壳面；7，8. 拟卵形藻未定种 1 Cocconeiopsis sp. 1：7 示外壳面，8 示内壳面；9，10. 拟卵形藻未定种 2 Cocconeiopsis sp. 2：9 示外壳面，10 示内壳面。标尺：1，2，6=5 μm；3-5=1 μm；7-10=2 μm。

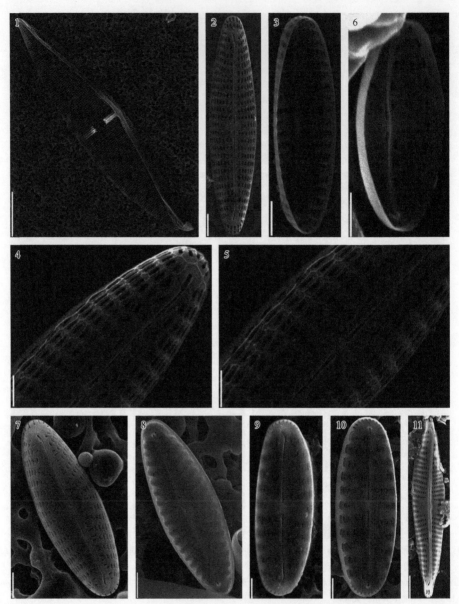

1. 节日海氏藻 *Haslea feriarum* Tiffany et Sterrenburg：示内壳面；2-5. 蹄状藻未定种 3 *Hippodonta* sp. 3：2 示外壳面，3 示内壳面，4 示外壳面端壳缝，5 示外壳面中央壳缝；6. 甜蹄状藻 *Hippodonta dulcis* (Patrick) Potapova：示内壳面；7，8. 福建蹄状藻 *Hippodonta fujiannensis* Zhao, Chen et Gao：7 示外壳面，8 示内壳面；9，10. 蹄状藻未定种 1 *Hippodonta* sp.1；11. 蹄状藻未定种 2 *Hippodonta* sp.2：示外壳面。标尺：1=10 μm；2，3，7，8=2 μm；4-6，9，10=1 μm；11=5 μm。

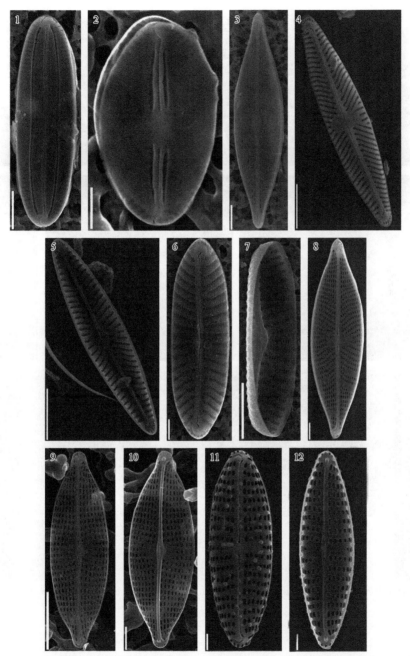

1. 盐生微肋藻 *Microcostatus salinus* Li et Suzuki：示外壳面；2. 微肋藻未知种 1 *Microcostatus* sp.1：示外壳面；3. 阿加莎舟形藻 *Navicula agatkae* Witkowski, Lange-Bertalot et Metzeltin：示外壳面；4，5. 厦门舟形藻 *Navicula amoyensis* Gao, Sun et Chen：4 示外壳面，5 示内壳面；6，7. 方格舟形藻 *Navicula cancellata* Donkin：6 示外壳面，7 示内壳面；8. 隐头舟形藻 *Navicula cryptocephala* Kützing：示外壳面；9，10. 群生舟形藻 *Navicula gregaria* Donkin：9 示外壳面，10 示内壳面；11，12. 极小舟形藻 *Navicula perminuta* Grunow：11 示外壳面，12 示内壳面。标尺：1，3，8-10=2 μm；2，11，12=1 μm；4-7=5 μm。

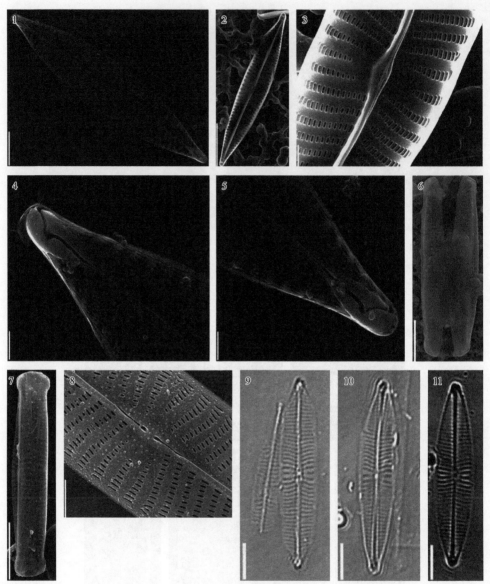

1-11. 东山舟形藻 *Navicula dongshanensis* Chen, Gao et Zhuo, sp. nov.。标尺: 1, 6=5 μm; 2, 7, 9-11=10 μm; 3-5=1 μm; 8=2 μm。

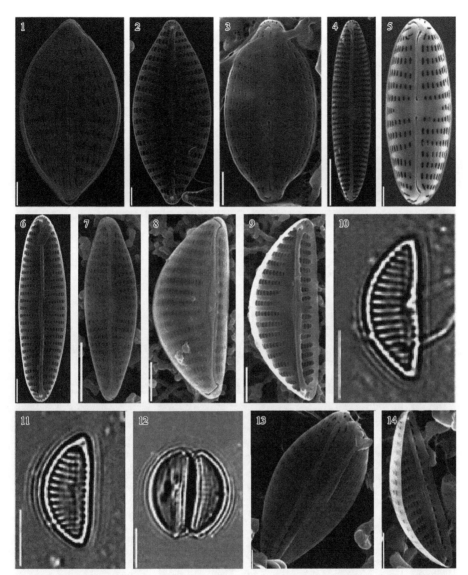

1，2. 似菱形舟形藻 *Navicula perrhombus* Hustedt et Simonsen：1 示外壳面，2 示内壳面；3. 侧偏舟形藻 *Navicula platyventris* Meister：示外壳面；4-6. 假疑舟形藻 *Navicula pseudoincerta* Giffen：4、5 示外壳面，6 示内壳面；7. 威尼舟形藻 *Navicula veneta* Kützing：示内壳面；8-12. 东山半舟藻 *Seminavis dongshanensis* Chen, Gao et Zhuo, sp. nov.：8 示外壳面，9 示内壳面，10-12 示光镜照片；13，14. 简单半舟藻 *Seminavis exigua* Chen, Zhuo et Gao：13 示外壳面，14 示内壳面。标尺：1-3，6，8，9=2 μm；4，7=5 μm；5，13，14=1 μm；10-12=10 μm。

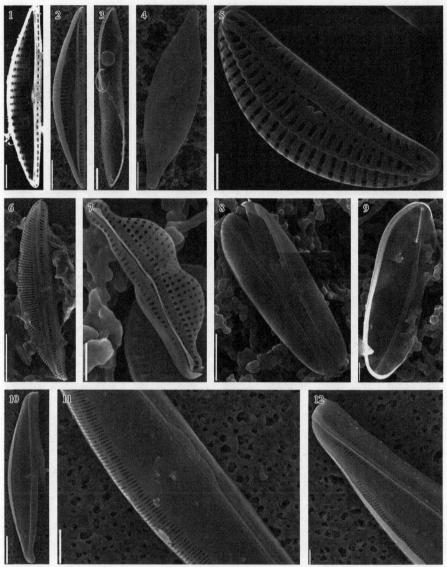

1. 瘦半舟藻 *Seminavis macilenta* (Gregory) Danielidis et D.G. Mann：示内壳面；2. 粗毛半舟藻 *Seminavis strigosa* (Hustedt) Danielidis et Economou-Amilli：示内壳面；3. 直边脊弯藻 *Carinasigma rectum* (Donkin) Reid：示内壳面；4. 喙状布纹藻 *Gyrosigma rostratum* Liu, Williams et Huang：示外壳面；5. 赫勒拿双眉藻 *Amphora helenensis* Giffen：示外壳面；6. 无边双眉藻 *Amphora immarginata* Nagumo：示外壳面；7. 加厚双眉藻 *Amphora incrassata* Giffen：示外壳面；8，9. 乔氏双眉藻 *Amphora jostesorum* Witkowski, Lange-Bertalot et Metzeltin：8 示外壳面，9 示内壳面；10-12. 岛屿双眉藻 *Amphora insulana* Stepanek et Kociolek：示外壳面。标尺：1，5-9，11=2 μm；2，10=5 μm；3，4=10 μm；12=1 μm。

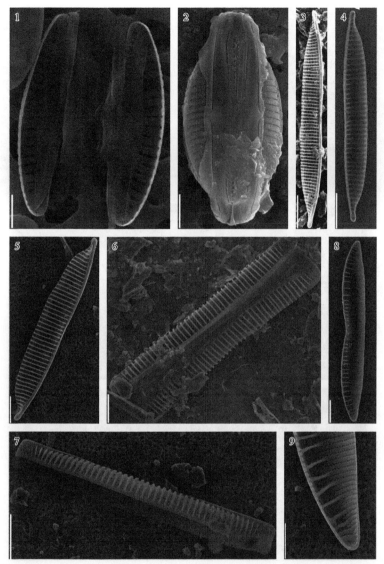

1. 测微双眉藻 *Amphora micrometra* Giffen：示内壳面；2. 双眉藻未定种 1 *Amphora* sp.1：示外壳面；3. 显点菱板藻 *Hantzschia distinctepunctata* Hustedt：示外壳面；4-7. 海洋菱板藻 *Hantzschia marina* (Donk.) Grunow：4 示外壳面，5 示内壳面，6 示壳环面，7 示壳环带；8, 9. 直菱板藻 *Hantzschia virgata* (Roper) Grunow：8 示内壳面，9 示内壳面壳端。标尺：1=1 μm；2=2 μm；3-8=10 μm；9=5 μm。

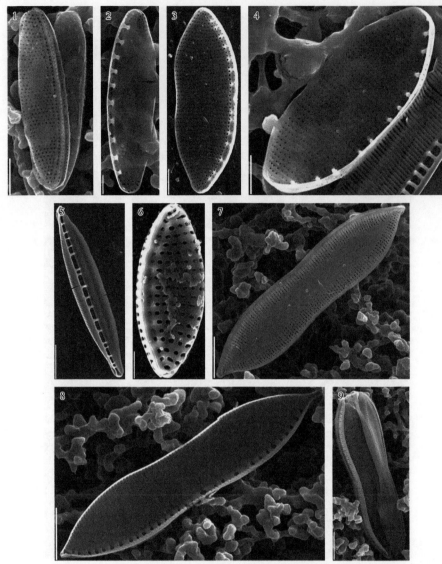

1，2. 亚历山大菱形藻 *Nitzschia alexandrina* (Cholnoky) Lange-Bertalot et Simonsen：1 示外壳面，2 示内壳面；3，4. 可爱菱形藻 *Nitzschia amabilis* (Hustedt) Suzuki：3 示外壳面，4 示内壳面；5. 分散菱形藻 *Nitzschia dissipata* (Kützing) Rabenhorst：示内壳面；6. 碎片菱形藻 *Nitzschia frustulum* (Kützing) Grunow：示外壳面；7-9. 小菱形藻 *Nitzschia parvula* Smith：7 示外壳面，8 示内壳面，9 示壳环面。标尺：1，3，4=2 μm；2，6=1 μm；5，7-9=5 μm。

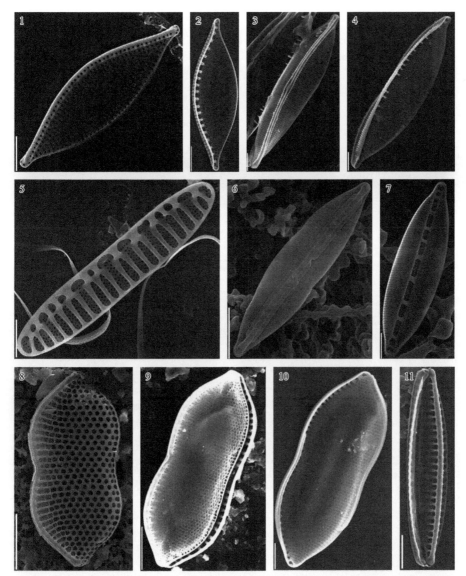

1，2. 罗氏菱形藻 Nitzschia rosenstockii Lange-Bertalot：示内壳面；3，4. 亚披针菱形藻 Nitzschia sublanceolata Archibald：3 示外壳面，4 示内壳面；5. 粗条菱形藻 Nitzschia valdestriata Aleem et Hustedt：示内壳面；6，7. 滚棒形菱形藻 Nitzschia volvendirostrata Ashworth, Dabek et Witkowski：6 示外壳面，7 示内壳面；8. 缢缩沙网藻 Psammodictyon constrictum (Gregory) D.G. Mann：示外壳面；9，10. 琴式沙网藻微小变种 Psammodictyon panduriforme var. minor (Grunow) Haworth et Kelly：9 示外壳面，10 示内壳面；11. 德洛西蒙森藻 Simonsenia delognei (Grunow) Lange-Bertalot：示外壳面。标尺：1-5，7-11=2 μm；6=5 μm。